团 体 标 准

工程建设项目绿色建造水平评价标准

Evaluation standard for green level of construction project

T/ZSQX 017-2022

批准部门：中国施工企业管理协会
施行日期：２０２３年１月１日

中国建筑工业出版社

2023 北 京

团体标准

工程建设项目绿色建造水平评价标准
Evaluation standard for green level of construction project
T/ZSQX 017－2022

*

中国建筑工业出版社出版、发行（北京海淀三里河路9号）
各地新华书店、建筑书店经销
北京建筑工业印刷厂制版
北京市密东印刷有限公司印刷

*

开本：965毫米×1270毫米　1/16　印张：8¼　字数：249千字
2023年1月第一版　2023年1月第一次印刷
定价：**80.00**元
统一书号：15112·39459

版权所有　翻印必究

如有印装质量问题，可寄本社图书出版中心退换
（邮政编码 100037）

本社网址：http：//www.cabp.com.cn
网上书店：http：//www.china-building.com.cn

关于发布《工程建设项目绿色建造水平评价标准》的公告

2022 年 第 3 号

现批准《工程建设项目绿色建造水平评价标准》为团体标准，编号为 T/ZSQX 017-2022，自 2023 年 1 月 1 日起实施。

中国施工企业管理协会

2022 年 7 月 25 日

前　言

为贯彻绿色发展理念，推动生态文明建设，提升工程建设行业绿色建造水平，制定本标准。

本标准共分为7章，主要技术内容包括：总则、术语、基本规定、绿色建造前期管理水平评价、绿色建造设计水平评价、绿色建造施工水平评价、绿色建造运营水平评价。

本标准具有使用灵活的特点，根据具体情况，鼓励参建各方选取工程建设某阶段进行绿色水平评价。

本标准由中国施工企业管理协会负责具体内容的解释。在执行本标准的过程中如有意见或建议，请与中国施工企业管理协会联系（地址：北京市海淀区北小马厂六号华天大厦四层；邮政编码：100038；E-mail：LSJZ@cacem.com.cn），以供修订时参考。

本 标 准 主 编 单 位：中国施工企业管理协会
　　　　　　　　　　中国建筑集团有限公司
　　　　　　　　　　上海市政工程设计研究总院（集团）有限公司
本 标 准 参 编 单 位：中国交通建设集团有限公司
　　　　　　　　　　山东电力工程咨询院有限公司
　　　　　　　　　　中国电建集团昆明勘测设计研究院有限公司
　　　　　　　　　　中国华能集团有限公司福建分公司
　　　　　　　　　　中国建筑一局（集团）有限公司
　　　　　　　　　　中国建筑第二工程局有限公司
　　　　　　　　　　中国建筑第三工程局有限公司
　　　　　　　　　　中国建筑第四工程局有限公司
　　　　　　　　　　中国建筑第六工程局有限公司
　　　　　　　　　　中国建筑第八工程局有限公司
　　　　　　　　　　中国冶金科工集团有限公司
　　　　　　　　　　中国五冶集团有限公司
　　　　　　　　　　中国十七冶集团有限公司
　　　　　　　　　　中国二十冶集团有限公司
　　　　　　　　　　中国二十二冶集团有限公司
　　　　　　　　　　中铁大桥勘测设计院集团有限公司
　　　　　　　　　　中铁大桥局集团有限公司
　　　　　　　　　　中铁上海工程局有限公司
　　　　　　　　　　中铁三局集团有限公司
　　　　　　　　　　中铁五局集团有限公司
　　　　　　　　　　中铁七局集团有限公司
　　　　　　　　　　中铁建工集团有限公司
　　　　　　　　　　北京建工集团有限责任公司
　　　　　　　　　　上海建工集团股份有限公司
　　　　　　　　　　陕西建工集团有限公司
　　　　　　　　　　中国新兴集团有限责任公司
　　　　　　　　　　中亿丰建设集团有限公司

河南财经政法大学品质工程高质量发展研究中心
河南省豫冀高速公路有限公司
河南交投商罗高速公路有限公司
泰宏建设发展有限公司
烟建集团有限公司

本标准主要起草人员：（按姓氏笔画排序）

马志伟	马瑶琳	王 丹	王 琳	王铁霖	石立国	平 洋	叶庆旱
百世健	毕 辉	曲柯锦	刘 冰	刘 亮	刘 洪	刘 焱	刘士波
刘旭光	刘奉喜	刘相雷	安兰慧	孙洪福	阳鹏飞	严 晗	杜 栋
李 阳	李 欣	李太权	李六连	李昕光	李昱村	吴杰良	沈 健
张亚夫	张亚林	张春雷	张欲晓	张增辉	阿 蓉	陈 亮	陈一鑫
陈晓刚	岳育群	周秋来	郑 涛	项艳云	赵健宇	赵德远	郝 慧
袁 明	贾 珍	徐 珂	徐 珣	郭清波	梅大鹏	曹 光	曹丹京
崔立秋	梁礼绘	葛 浩	董云鹏	韩 靖	韩文庆	臧小龙	颜 海
潘 鸿	潘 曦	潘清波	戴 源	魏 凯	魏明光		

本标准主要审查人员：

曹玉书	尚润涛	李清旭	林元培	陈湘生	张宗亮	任树本	张 辰
刘 辉	毛志兵	王 建	龚 剑	宫俊亭	么 新	周祖干	张同须
谢秋野	毕彦春	孙晓波	马玉宝	张长春	王武民	王 锋	

目　次

- 1 总则 1
- 2 术语 1
- 3 基本规定 2
  - 3.1 一般规定 2
  - 3.2 绿色建造前期管理 2
  - 3.3 绿色建造设计 3
  - 3.4 绿色建造施工 4
  - 3.5 绿色建造运营 4
  - 3.6 评价和等级划分 5
- 4 绿色建造前期管理水平评价 6
- 5 绿色建造设计水平评价 7
  - 5.1 冶金工程 7
  - 5.2 有色金属工程 9
  - 5.3 石化工程 12
  - 5.4 电力工程（发电工程） 15
  - 5.5 电力工程（输电线路工程） 17
  - 5.6 电力工程（变电站工程） 19
  - 5.7 电力工程（新能源工程） 20
  - 5.8 建材工程 22
  - 5.9 铁路工程 24
  - 5.10 公路工程 27
  - 5.11 水运工程 30
  - 5.12 水利工程 33
  - 5.13 信息通信设备与线路工程 36
  - 5.14 信息通信建筑与电源工程 38
  - 5.15 道路工程 41
  - 5.16 桥梁工程 43
  - 5.17 给水排水工程 45
  - 5.18 轨道交通工程 48
  - 5.19 园林景观工程 51
  - 5.20 城市防洪与河湖整治工程 53
  - 5.21 建筑工程 56
- 6 绿色建造施工水平评价 58
  - 6.1 施工管理 58
  - 6.2 环境保护与安全 59
  - 6.3 资源节约与循环利用 62
  - 6.4 绿色科技创新与应用 67
  - 6.5 绿色可持续发展 69

7 绿色建造运营水平评价	69
7.1 总体管理	69
7.2 协调性	70
7.3 环境和资源	70
7.4 创新	70
7.5 效益	70
附录 A 绿色建造施工水平评价方法	71
本标准用词说明	74
引用标准名录	75
附：条文说明	77

1 总　　则

1.0.1 为贯彻国家绿色发展政策，加强资源节约及高效利用，推进减污降碳的建造方式，提升工程建设行业绿色建造水平，制定本标准。

1.0.2 本标准适用于工程建设项目前期管理、设计、施工、运营阶段的绿色评价。

1.0.3 工程建设项目的绿色评价除应符合本标准外，尚应符合国家现行有关标准的规定。

2 术　　语

2.0.1 建设工程　construction engineering

有组织、有目的、大规模建造新的或改造原有的固定资产的经济活动，为人类生存、生产提供物质技术基础的各类建筑物和工程设施的统称。

2.0.2 重大建设工程　major construction engineering

对国民经济和社会发展有重大影响的骨干项目，如：

1 基础设施、基础产业和支柱产业中的大型项目；
2 高科技并能带动行业技术进步的项目；
3 跨地区并对全国经济发展或者区域经济发展有重大影响的项目；
4 对社会发展有重大影响的项目；
5 其他骨干项目。

2.0.3 工程建设项目　construction project

为完成依法立项的新建、扩建、改建工程而进行的，有起止日期的、达到规定要求的一组相互关联的受控活动，包括策划、勘察、设计、施工、调试、竣工验收等阶段，简称为项目。

2.0.4 绿色建造　green construction

为确保工程项目符合预定的绿色目标要求而开展的，涵盖建设工程的规划、勘察、设计、施工、监理、调试、运营等各个阶段的策划、组织、协调、控制及管理行为。

2.0.5 项目法人　project entity

依据《中华人民共和国公司法》成立的从事项目开发的有限责任公司或股份有限公司。项目法人是项目建设的责任主体。依法对所开发的项目负有策划、资金筹措、建设实施、生产经营、债务偿还和资本保值增值等责任，并享有相应的权利。

2.0.6 绿色建造前期管理　preliminary green management

指包含项目规划、立项、绿色目标制定、工程可行性研究、决策等绿色建造前期阶段的管理活动。

2.0.7 绿色建造勘测　green survey

通过运用先进的勘测手段、方法、设备和工艺，节约资源，实施勘测过程环境影响最小化控制，最大限度地减少对生态环境的扰动和污染物排放，补偿或恢复受扰动的生态环境，控制污染物达标排放的绿色勘测方式。

2.0.8 绿色建造设计　green design

指在项目整个生命周期内，以项目前期管理阶段制定的绿色目标为设计目标，在满足绿色目标要求的同时，保证项目应有的功能、使用寿命、质量等要求。

2.0.9 绿色建造施工　green construction

指工程建设中，在保证安全、质量等基本要求的前提下，通过科学管理和技术进步，最大限度地节约资源与减少对环境负面影响的施工活动。

2.0.10 绿色建造运营　green operation

指运营单位按照可持续发展的要求，把节约资源、保护和改善生态与环境、有益于公众身心健康的理念，贯穿于运营管理过程的各个方面，以达到经济效益、社会效益和环保效益的有机统一。

3 基 本 规 定

3.1 一 般 规 定

3.1.1 为落实国家绿色发展的方针政策，工程建设行业必须坚持以人为本，生态优先，节约资源的可持续发展战略。

3.1.2 在项目绿色建造前期管理阶段，建设单位应根据建设项目所处区域的自然、社会、技术水平、建设条件、建设成本和收益等条件，组织研究制定建设项目的绿色建造总目标，完成绿色建造总目标的实现策划方案。

3.1.3 建设项目的绿色建造总目标包含但不限于安全耐久、资源环境、创新协调、科学发展、舒适便捷、综合效益等。

3.1.4 建设单位应建立工程建设项目绿色建造管理（绿色建造前期管理、绿色建造设计、绿色建造施工、绿色建造运营）的协调机制。

3.1.5 为提高工程建设项目的绿色建造水平，应实行项目法人责任制，且宜实行工程总承包（以下简称EPC）。

3.1.6 建设单位应通过工程项目招标等手段，将建设项目的绿色建造总目标明确到参与绿色建造管理的规划、勘察、设计、施工、监测、监理、调试、运营管理等单位，并通过合同等方式将相应绿色建造总目标分解到各建设阶段、各参建单位。各参建单位应根据建设项目的绿色建造总目标及合同约定，确定各自相应的绿色建造目标。

3.1.7 建设单位在工程建设阶段应履行下列职责：
    1 对绿色建造行为进行督促检查及考核管理。
    2 组织参与绿色建造前期咨询、绿色建造设计、绿色建造施工、绿色建造运营方案的评审。
    3 编制工程估算、概预算时，为绿色建造管理、技术创新列支相应的专项费用。
    4 在工程项目建设过程中管理参建各方的绿色建造行为。

3.1.8 建设项目在前期管理、设计、施工和运营阶段应积极采取降低碳排放的措施，有条件时应制定量化的碳排放目标并在工程建设各阶段执行。在施工和运营阶段应进行碳排放统计监测，为碳排放核算提供基础数据支撑。

3.2 绿色建造前期管理

3.2.1 工程项目前期管理阶段一般包括编制初步可行性研究报告（项目建议书）、可行性研究报告和项目评估及决策等。

3.2.2 工程项目前期管理阶段应在分析项目所处区域的自然、社会、技术水平、建设条件、建设成本和收益等的基础上，自身或委托专业咨询机构制定项目的绿色总目标。

3.2.3 工程项目应充分考虑当地的社会、历史、经济、文化等条件，注重协调性，综合考虑包括主要原材料、技术方案、土地利用与空间布局、交通、能源、水资源、资源循环利用、环境保护等要素，注重创新，统筹考虑全生命周期经济、社会综合效益。

3.2.4 工程项目主要原材料应尽可能采用绿色建筑材料，绿色建筑材料应满足功能、质量、寿命、经济性、环保、健康、安全等要求。

3.2.5 工程项目主要技术方案应采用能减少污染、降低消耗和改善生态的绿色技术方案。

3.2.6 土地利用与空间布局应贯彻集约利用土地原则，充分考虑地下空间利用，营造更为便利、舒适的生产、生活空间。

3.2.7 工程项目场内外交通运输应以需求为依据，综合考虑构建多层次的绿色交通运输系统（铁路、水运、公路交通等），优化交通设计，引导绿色交通，减少交通碳排放。

3.2.8 工程项目能源利用应以项目所在地能源资源情况（基础能源与再生能源情况）为依据，以构建安全、经济、清洁、高效、可持续的项目能源体系为目标，优化能源供应结构和制定节能策略和措施。

3.2.9 工程项目水资源利用应贯彻海绵系统理念，以低影响开发为导向，推行节水、雨水回用、再生水回用等可持续水资源利用，减轻水资源污染。

3.2.10 工程项目应考虑资源循环利用，固体废弃物应以减量化、资源化和无害化为原则，提出固体废弃物资源化利用指标，优化处置方案。

3.3 绿色建造设计

3.3.1 应将绿色发展理念贯穿于勘察测量活动中，减少对生态环境和水土资源的扰动或破坏，减少占地和环境污染物排放。

3.3.2 勘察测量方案设计应包含绿色建造勘测要求，包括资源节约、环境安全、可持续发展等相关方面的要求。

3.3.3 努力通过科技创新，在勘测活动中采用新技术、新方法、新工艺、新设备，最大限度地实现节约资源和保护环境。

3.3.4 勘测场地、临时道路应尽量减少占地，减少临建设施；施工剥离的适合复垦的表土，应当收集存放，作为施工结束后的复垦用土；可移植的树木应尽量移植保存，用于项目施工结束的复绿。

3.3.5 勘测施工中挖方形成的边坡应做好支护，预防滑坡等地质灾害。

3.3.6 勘测施工现场安全文明，管理制度与标牌规范、醒目；临建设施应采用标准化、易拆装、重复使用的钢构件搭建；采用先进测量设备，避免砍伐树木及破坏植被；采用轻型物探；施工油料等有害物质存放应采取与地面隔离措施；钻探施工技术先进，采用轻型化、小型化、智能化设备，采用环保循环浆液；现场生产、生活垃圾应分类处理。

3.3.7 勘测施工中应控制噪声、振动排放，减少扬尘，施工机械和车辆尾气应达标排放，按照规定处置固体（危险）废物和污水、废水。

3.3.8 勘测施工结束后进行场地清理、场地恢复平整、复垦复绿等环境恢复措施。

3.3.9 鼓励积极探索信息化、智能化技术应用于勘测远程管理。

3.3.10 加强勘测过程管理，动态监管，对阶段性工作和整个勘测活动做出绿色评价。

3.3.11 应开展绿色建造设计总体策划，将绿色建造前期策划制定的绿色建造总目标落实到具体方案设计、初步设计、施工图设计等设计环节，确保绿色建造总目标的实现。

3.3.12 应从各行业建设工程项目的主体工程和配套工程（含厂区／矿区内的自备电站、道路、专用铁路、通信、各种管网管线和配套的建筑物等全部配套工程）以及与主体工程、配套工程相关的工艺、土木、建筑、消防、安全、卫生、防雷、抗震、照明工程等方面，努力提高设计的先进性水平。

3.3.13 应从安全耐久、资源环境、创新协调、科学发展、舒适便捷、综合效益等方面，努力提高设计的绿色水平。

3.3.14 应开展技术创新，在设计过程中采取自主研发的新技术、新工艺、新流程、新材料、新装备、新产品等，努力提高设计的创新性水平。

3.3.15 应优化技术经济指标，努力提高设计的经济效益、社会效益水平。

3.3.16 在满足绿色建造前期策划制定的绿色建造总目标、明确提出相应施工目标要求的同时，应充分考虑绿色设计方案的可建造性及可施工性。对于与自然地质、建设条件、施工方法紧密相关的工程项目，如特大桥梁、长大隧道等，在完成施工图设计之前即应同步完成指导性施工方案设计。

3.3.17 应充分考虑项目绿色建造运营维护相关要求，必要时提供运维手册；在有条件情况下，鼓励设置在线、远程监测计量，智能化服务等智慧运行设计。

3.3.18 应充分考虑永临结合，如大门、道路、围墙、建筑结构、水资源、能源、办公楼、路灯、地下管网等。

3.3.19 应选用在全生命周期内可减少对天然资源消耗和减轻对生态环境影响、安全、可循环的绿色建材。

3.3.20 应推行标准化、工业化智能建造、装配化设计。

3.3.21 应注重设计协同，采用信息化手段开展设计工作，统一多家设计单位、多专业、各阶段、外部条件等信息协同，提高效率，数据共享，实现数字化交付；综合考虑施工、运维要求，并将信息数据模型传递到施工、运维等后续阶段继续开发使用。

3.3.22 应系统化考虑项目绿色指标与周边区域、城市整体指标的协调性，提升整体绿色效益；项目智慧化管理也应与城市智慧化、信息化协调统一。

3.3.23 应积极采取降低碳排放、增加碳吸收的措施，降低工程全生命周期内的碳排放总量。

3.4 绿色建造施工

3.4.1 应开展绿色建造施工总体策划，将绿色建造设计要求的绿色建造总目标落实到具体施工组织设计、绿色施工专项方案、绿色技术交底等施工环节，确保绿色建造总目标的实现。

3.4.2 应开展施工图实施性图纸审查优化工作，包含但不限于：

 1 原则：优化设计，但不降低设计标准。
 2 绿色建造设计目标分解：质量、工期、投资、安全、资源节约、环境安全等。
 3 可实施性：调整设计，改进施工方案。
 4 优化内容：材料设备、施工工艺、构造做法、绿色环保等。

3.4.3 应遵循因地制宜的原则，结合工程所在地域的气候、环境、资源、经济及文化等特点，依据管理制度、环境安全、材料资源、水资源、能源、土地资源、人力资源、科技创新等方面研究具体绿色建造施工措施，确保绿色建造目标落实。

3.4.4 鼓励推进信息化施工，鼓励沿用前期设计阶段的信息化统一协同模型，对工期、人力、材料、机械、资金、进度等信息进行收集、存储、处理和交流，科学地综合利用，为施工管理及时、准确地提供决策依据。

3.4.5 应积极采取措施降低施工产生的碳排放，如通过工厂化精准加工、精细化管理降低建筑材料损耗率；降低能耗水平；选用获得绿色建材认证标识的建材产品；提高建筑垃圾回收利用率等。

3.5 绿色建造运营

3.5.1 应按照绿色建造总目标的要求及设计提供的运维手册（若有）开展绿色运营工作，并通过实践检验绿色目标的具体达成情况。

3.5.2 应制订实施绿色建造运营规划，包括确立绿色建造总目标的运营实施步骤和对策措施（至少应包含运营材料资源管理、水资源管理、能源管理、人力资源管理，环境管理等）。对现状、存在的问题及差距进行深入分析，结合要素、资源特点把绿色建造总目标具体化，并在任务分解的基础上，有针对性地提出解决问题的对策措施，以保证绿色建造运营的顺利实施。

3.5.3 要贯彻过程控制理念，选用可再生、可循环的运营材料，回收利用废料，提高资源的利用率，尽量减少工序，降低能耗；包装物坚持减量、再利用原则。

3.5.4 要加强绿色建造管理，建立绿色建造运营管理体系，将绿色建造管理纳入组织管理活动，与质量管理体系等相互协调，形成有机整体，做到资源共享。

3.5.5 应积极采取智能化、绿色生态化稳定运行措施，优化用能结构，减少项目的能源消耗和碳排放。

3.6 评价和等级划分

3.6.1 工程建设项目绿色建造水平评价包括绿色建造前期管理水平评价、绿色建造设计水平评价、绿色建造施工水平评价、绿色建造运营水平评价；项目绿色建造前期管理水平评价、绿色建造设计水平评价、绿色建造施工水平评价、绿色建造运营水平评价可独立开展单阶段评价。

3.6.2 工程建设项目绿色建造水平评价的责任主体是项目建设单位牵头的，包含建造管理的规划前期、勘察、设计、施工、监测、监理、调试、运营管理等单位参加的团体；项目绿色建造前期管理水平评价的责任主体是项目规划、项目建议书、工程（预）可行性研究、项目评估与决策编制单位；项目绿色建造设计水平评价的责任主体是项目设计单位；项目绿色建造施工水平评价的责任主体是项目施工单位；项目绿色建造运营水平评价的责任主体是项目运营单位。

3.6.3 工程建设项目绿色建造前期管理水平评价得分不小于90分为"一等成果"；小于90分，不小于80分为"二等成果"；小于80分，不小于70分为"三等成果"；小于70分不评价。

3.6.4 工程建设项目绿色建造设计水平评价分别从设计成果的先进性、绿色性、创新性、社会及经济效益四方面进行评价。各考核维度权重分配如表3.6.4所示。得分不小于90分为"一等成果"；小于90分，不小于80分为"二等成果"；小于80分，不小于70分为"三等成果"；小于70分不评价。

表3.6.4 绿色建造设计水平评价指标及权重

评价维度	总分
先进指标	30
绿色指标	30
创新指标	20
效益指标	20
合计	100

3.6.5 绿色建造施工水平评价应遵循因地制宜的原则，结合工程所在地域的气候、环境、资源、经济及文化等特点，依据施工管理、环境保护与安全、资源节约与循环利用、绿色科技创新与应用、绿色可持续发展等方面进行评价。技术指标分为控制项指标和一般项指标，控制项指标必须完全符合要求，一般项指标按照实际情况计分。一般项指标根据适用范围分为通用指标和专项指标，各考核维度权重分配如表3.6.5所示。所有指标得分不小于90分为"三星"；小于90分，不小于80分为"二星"；小于80分，不小于70分为"一星"；小于70分不评价。绿色施工单位工程评价在绿色施工阶段评价完成的基础上进行，单位工程绿色施工评价的方法见本标准附录A。

表3.6.5 绿色建造施工水平评价指标及权重

评价维度	通用指标	专项指标	总分
施工管理	控制项(全部满足要求)		
环境保护与安全	25	5	30
资源节约与循环利用	24	16	40
绿色科技创新与应用	16	4	20
绿色可持续发展	10	—	10
合计			100

3.6.6 工程建设项目绿色建造水平评价在项目绿色建造前期管理水平评价、项目绿色建造设计评价、

项目绿色建造施工评价后开展，主要按照本评价标准对在建设单位统一管理协调下的绿色建造前期管理、绿色建造设计、绿色建造施工、绿色建造运营进行综合评价。工程建设项目绿色建造水平评价各考核维度权重分配如表 3.6.6-1 所示。

表 3.6.6-1　工程建设项目绿色建造水平评价各考核维度权重分配（含建造运营）

评价维度	总分
绿色建造前期管理水平	5
绿色建造设计水平	40
绿色建造施工水平	35
绿色建造运营水平	20
合计	100

当仅有部分评价阶段结果时，也可仅基于该部分评价阶段进行综合评价。综合评价水平各考核维度权重分配如表 3.6.6-2 和表 3.6.6-3 所示。

表 3.6.6-2　工程建设项目绿色建造水平评价各考核维度权重分配（不含绿色建造前期管理阶段）

评价维度	总分
绿色建造设计水平	40
绿色建造施工水平	35
绿色建造运营水平	25
合计	100

表 3.6.6-3　工程建设项目绿色建造水平评价各考核维度权重分配（仅含设计和施工阶段）

评价维度	总分
绿色建造设计水平	55
绿色建造施工水平	45
合计	100

所有指标合计得分不小于 90 分为"国际领先"；小于 90 分，不小于 80 分为"国际先进"；小于 80 分，不小于 70 分为"国内领先"；小于 70 分，不小于 60 分为"国内先进"。

4　绿色建造前期管理水平评价

4.0.1　绿色建造前期管理水平评价从协调性、环境、能源、材料、水资源、土地、舒适便捷、创新性、效益九个方面进行评价。

4.0.2　绿色建造前期管理水平评价总分值为 100 分，应按下列规则评分并累计：

1　协调性：自然协调性、人文协调性、历史协调性、文化协调性、建筑理念协调性等，得 8 分。

2　环境：大气环境、水环境（含地下水）、生态环境（生物多样性）、声环境、振动环境、固体废物环境、电磁环境影响以及声、光污染等防治措施及达标处理率等，得 11 分。

3　能源：不可再生能源消费比例、可再生能源与新能源利用、能效水平（产品能效、综合能效、建筑能效等）、能源消费对所在地双控目标和完成节能目标影响、煤炭消费减量替代目标影响、能源计量和管理等，得 15 分。

4 材料：材料消耗指标、绿色材料选用、就地取材、固体废弃物资源化利用、节材措施、可再循环材料使用等，得15分。

5 水资源：水消耗指标、海绵城市指标（雨水合理利用）、污水处理回用、中水利用、节水措施、水资源计量和管理等，得15分。

6 土地：土地限额设计指标、临时租用场地指标、节地措施、场地高效周转利用等，得8分。

7 舒适便捷：交通便捷性、公共设施便利性等，得8分。

8 创新性：绿色新技术应用、信息技术及智能施工、运营规划等，得10分。

9 效益：全生命周期成本估算、内部收益（绿色）等，得10分。

5 绿色建造设计水平评价

5.1 冶金工程

Ⅰ 先进性评价

5.1.1 工艺设计评价总分值为6分，应按下列规则评分并累计：

1 采用先进适用技术，各工序工艺指标达到清洁生产国际领先水平，与同类型工程相比有显著改进和提高，得2分。

2 采用先进的钢材性能在线监测、预报、控制技术，信息化集成系统等技术，得1分。

3 建设能源管理中心，具备电力、煤气、蒸汽、氧气等能源介质的短期预测、预报、预警功能，实现能源介质智能调控和企业能效综合评估，得1分。

4 采用污染防治最佳可行技术，得1分。

5 对于内容复杂，技术难度高的工程，经过精心设计，妥善处理，取得明显效果，得1分。

5.1.2 设备设计评价总分值为4分，应按下列规则评分并累计：

1 烧结、球团装备配置，高炉炉容，转炉公称容量、转炉炉衬寿命；电炉公称容量、电极消耗水平达到相应清洁生产评价指标体系中国际清洁生产领先水平，得2分。

2 设计成果具有推广应用价值，得2分。

5.1.3 产品评价总分值为3分，应按下列规则评分：

钢材综合成材率、钢材质量合格率、板材合格率、板材成材率等达到清洁生产国际领先水平，得3分。

5.1.4 信息化设计评价总分值为3分，应按下列规则评分并累计：

1 配备生产控制级（L3）或企业管理级（L4）自动化系统，得1分。

2 集成现代通信与信息技术、计算机网络技术、行业技术和智能控制技术等量化融合技术，具有较高的企业智能化水平；工艺流程数控化率、企业资源计划（ERP）装备率较高，工业化、信息化深度融合水平明显提升，得1分。

3 采用工业智能化用能监测和诊断技术，得1分。

5.1.5 建筑设计评价总分值为3分，应按下列规则评分并累计：

1 有特殊功能要求的地区或建（构）筑物，设计效果优于同类项目，得1分。

2 充分结合行业特征和特殊性，积极采用节能新技术、新材料、新工艺、新设备，得1分。

3 采用节能绿色建材，得1分。

5.1.6 结构设计评价总分值为2分，应按下列规则评分并累计：

1 推广应用适用的新结构、新材料、新理论方面有显著作用并获得显著经济、社会或环境效益，得1分。

2 有特殊要求的项目，采用技术含量高的处理措施，实际效果良好，得1分。

5.1.7 给水排水设计评价总分值为3分，应按下列规则评分并累计：
   1 合理选用新设备、新材料，效果良好，得1分。
   2 采用先进合理的工艺技术措施，在节能、环保、消防安全等某一方面取得显著成效，或优于同类项目，得1分。
   3 技术复杂、难度大的工程，经精心设计取得明显的经济、社会或环境效益，得1分。

5.1.8 暖通设计评价总分值为3分，应按下列规则评分并累计：
   1 结合工艺需求、生产班制、建筑功能、所在地区气象条件、能源状况、能源政策、环保及经济等要求，进行供暖、通风及空调方案比选，最终方案效果优于同地区、同类项目水平，得1分。
   2 风机及设备选型合理，风机设计工作点位于高效工作区，设备能效等级高，阻损小，噪声低，介质消耗少，得1分。
   3 热水供应的热源选择工业可回收热能、太阳能、地热能或风能，得1分。

5.1.9 电气设计评价总分值为3分，应按下列规则评分并累计：
   1 采用先进适用技术或重大技术措施，与同类型工程相比有明显的改进，得1分。
   2 电气系统的设计经济合理、高效节能，得1分。
   3 电器设备技术先进、成熟、可靠、损耗低、谐波发射量少、能效高、经济合理，得1分。

Ⅱ 绿色性评价

5.1.10 节地与室外环境评价总分值为6分，应按下列规则评分并累计：
   1 厂址选择符合钢铁产业发展政策及地方相关准入条件；厂址靠近原料、燃料供应地或主要销售地，且对外具有顺畅便捷的交通运输条件，得1分。
   2 充分合理利用土地资源，尽量不占用或少占用农用地，利用山地、荒草地、盐碱地、滩涂、滨海吹填场地等未利用地。厂址充分利用原有自然地形地貌，并根据地形情况合理进行功能分区，得1分。
   3 各生产单元之间用地布局紧凑，厂内运输尽量采用皮带、过跨车、辊道、汽车等运输方式，有效节约用地。厂区内各场地、设施之间人流和物流短捷、顺畅、不折返，得1分。
   4 厂区平面布置立体化，采用多层建筑结构，考虑地下空间的合理、充分利用。同类成组布置功能相同的建（构）筑物。联合集中布置厂房，各主体车间的辅助设施在满足生产工艺的条件下集中布置，得1分。
   5 厂区与居住区之间满足相应的卫生防护距离和大气环境防护距离要求，得1分。
   6 吨钢用地指标满足现行国家标准《钢铁企业总图运输设计规范》GB 50603的要求，得1分。

5.1.11 能源评价总分值为6分，应按下列规则评分并累计：
   1 贯彻国家钢铁产业发展政策，采用低能耗生产工艺和装备，得1分。
   2 充分利用焦炉煤气、高炉煤气、转炉煤气以及富余煤气，得1分。
   3 充分利用各种余热资源，得1分。
   4 充分利用余压资源，得1分。
   5 充分利用太阳能光伏发电系统、风能、地热、水源热等，得1分。
   6 焦炭、粗钢主要生产工序单位产品能耗满足其先进值标准要求，得1分。

5.1.12 水资源评价总分值为6分，应按下列规则评分并累计：
   1 采用不用水或少用水的工艺及大型设备，实现源头用水减量化，得1分。
   2 用水水源采用城市中水、雨水、淡化海水或其他回收利用的水资源，得1分。
   3 对新水和循环水，采用高效、安全可靠的先进水处理技术，按分级、分质供水原则，采用清污分流、循环供水、串级供水等技术，提高水的重复利用率；循环用水全面配置其技术所必需的计量、监控等技术与设备，得1分。

4 采用烧结、球团、炼焦、炼铁单元实现工业废水少量、废水达标排放或无废水排放，得 1 分。

5 对厂区内的雨水进行收集并利用，得 1 分。

6 企业吨钢取水量、水重复利用率等指标符合国家现行有关标准的规定，得 1 分。

5.1.13 材料资源评价总分值为 4 分，应按下列规则评分并累计：

1 采用新型钢铁材料或可再生材料替代传统钢材，得 1 分。

2 对石灰窑产生的废气进行净化后，回收高纯度液体、固体二氧化碳，得 1 分。

3 最大程度地回收利用各生产单元产生的固体废物。如对高炉渣、钢渣、含铁尘泥等进行循环利用，得 2 分。

5.1.14 环境安全评价总分值为 8 分，应按下列规则评分并累计：

1 采用高质量、高品位、污染成分低的原燃料，从源头控制污染物产生，得 1 分。

2 优化物流方式和物流路径，减少物料周转次数和周期；减少无组织废气排放，得 1 分。

3 各生产工序产生的废气采取有效的废气处理措施处理并达标排放，得 1 分。

4 各生产工序产生的废水根据不同水质分别进行处理；全厂废水再进一步深度处理后回用，少量废水达标排放或无废水排放，得 1 分。

5 各噪声源采用消声器、隔声罩、包裹吸声材料、厂房隔声等措施，得 1 分。

6 各类固体废弃物实施综合利用或安全妥善处置，得 1 分。

7 全厂吨钢废水排放量、吨钢 COD 排放量、吨钢氨氮排放量、吨钢颗粒物排放量、吨钢 SO_2 排放量、吨钢 NO_x 排放量达到现行团体标准《钢铁企业绿色工厂设计指标体系》T/CSM 16 中先进值要求，得 1 分。

8 废气和废水处理装置按照相应规范要求配备在线监测装置，得 1 分。

Ⅲ 创新性评价

5.1.15 理念创新、体现人与自然和谐共生的可持续发展理念，评价分值为 5 分。

5.1.16 技术创新评价总分值为 15 分，应按下列规则评分并累计：

1 技术创新，设计过程中采取自主研发的新技术、新工艺、新流程、新材料、新装备、新产品等，得 9 分。

2 依托本工程取得的创新成果（课题、专利、专有技术、奖项、竞赛活动成果、国家示范试点、参编标准、期刊论文等），填补国内空白或接近国际水平，得 6 分。

Ⅳ 效益评价

5.1.17 经济效益评价总分值为 10 分，应按下列规则评分并累计：

1 与同类同期工程相比较，在综合投资方面有显著改进并取得显著成效，重要经济技术指标处于领先水平，得 5 分。

2 推动实现可持续发展和共同繁荣，得 5 分。

5.1.18 社会效益评价总分值为 10 分，应按下列规则评分并累计：

1 与同类同期工程相比较，在资源节约、环境保护、生态融合等方面亮点突出，社会满意度较高，得 5 分。

2 对当地相关产业有辐射带动作用，对推动生态治理与战略性转型产业深度融合贡献巨大，得 5 分。

5.2 有色金属工程

Ⅰ 先进性评价

5.2.1 工艺设计评价总分值为 4 分，应按下列规则评分并累计：

1 工艺先进，主要设备选型、机械化、自动化等方面技术先进实用，得2分。

2 在提高产品质量、产量、无害化、节能减排、降低消耗、综合利用等指标优于同类工厂，得2分。

5.2.2 设备设计评价总分值为4分，应按下列规则评分并累计：

1 设计成果技术先进，与国内同类设备相比处于领先地位或接近国际水平，得2分。

2 设备创造的经济效益较为显著，得1分。

3 设计成果具有推广应用的价值，得1分。

5.2.3 建筑设计评价总分值为4分，应按下列规则评分并累计：

1 根据建筑使用功能，统筹考虑全生命周期内土地、能源、水、材料资源利用及环境保护、职业健康和运行管理等的不同要求，得2分。

2 创造优美厂区环境，并在节约用地、日照通风、公建配套、交通组织或园林绿化、保护自然生态等方面取得显著成果，得2分。

5.2.4 结构设计评价总分值为6分，应按下列规则评分并累计：

1 推广应用适用的新结构、新材料、新理论方面有显著作用并获得显著经济、社会或环境效益，得3分。

2 有特殊要求的项目，采用技术含量高的处理措施，实际效果良好，得3分。

5.2.5 给水排水设计评价总分值为4分，应按下列规则评分并累计：

1 采用循环及串级供水方式，减少排污水及处理量，同时应提高水的重复利用率，得2分。

2 采用先进适用技术措施，在节能、环保、消防安全的某一方面取得显著成效，得1分。

3 技术复杂、难度大的工程，经精心设计取得明显的经济、社会或环境效益，得1分。

5.2.6 暖通设计评价总分值为4分，应按下列规则评分并累计：

1 设计新颖，技术领先，积极推广新技术，得2分。

2 合理选用新设备、新材料，获得良好效果，得2分。

5.2.7 电气设计评价总分值为4分，应按下列规则评分并累计：

1 采用先进适用技术或重大技术措施，与同类型工程相比有明显的改进，得1分。

2 选用节能型适用产品，效果显著，得1分。

3 使用要求复杂、难度大的工程，经过精心设计，取得优良效果，得1分。

4 智能化系统各子系统设计应具有技术先进、经济、合理、实用、可靠，能提供有效的信息服务；应具有开发性、灵活性、可扩性、实用性和安全性，得1分。

Ⅱ 绿色性评价

5.2.8 节地与室外环境评价总分值为6分，应按下列规则评分并累计：

1 工厂建设项目用地应符合国家现行有关建设项目用地的规定，不应是国家禁止用地的项目；合理利用沟谷、荒地、劣地建设废料场、碴堆场；不得占用农业用地和经济效益高的土地，得2分。

2 建筑用地适度密集，强调用地集约化，工厂容积率、建筑密度、单位用地面积产值符合相关规定并优于同类工程，得1分。

3 建筑活动对环境的负面影响控制在国家相关标准允许范围内；减少建筑产生的废水、废气、废物的排放；利用园林绿化和建筑外部设计，以减少热岛效应；减少建筑外立面和室外照明引起的光污染；采用雨水回渗等海绵城市措施，维持土壤水生态系统的平衡，得1分。

4 优先种植乡土植物，采用少维护、耐候性强的植物，减少日常维护费用；采用生态绿地、墙体绿化、屋顶绿化等多样化的绿化方式，构成多层次的复合生态结构，达到人工配置的植物群落自然和谐，并起到遮阳、降低能耗的作用；绿地配置合理，达到局部环境内保持水土、调节气候、降低污染和隔绝噪声的目的，得1分。

5 充分利用公共交通网络；合理组织交通，减少人车干扰；地面停车场采用透水地面，并结合绿化为车辆遮阴，得1分。

5.2.9 能源评价总分值为6分，应按下列规则评分并累计：

1 利用场地自然条件，合理考虑建筑朝向和间距，充分利用自然通风和天然采光；提高建筑围护结构的保温隔热性能，采用由高效保温材料制成的复合墙体和屋面及密封保温隔热性能好的门窗；采用用能调控和计量系统，得1分。

2 采用高效建筑供能、用能系统和设备：合理选择用能设备，使设备在高效区工作；根据建筑物用能负荷动态变化，采用合理的调控措施；优化用能系统，采用能源回收技术；考虑部分空间、部分负荷下运营时的节能措施；针对不同能源结构，实现能源梯级利用，得1分。

3 使用可再生能源：充分利用场地的自然资源条件，开发利用可再生能源，如太阳能、水能、风能、地热能、海洋能、生物质能、潮汐能以及通过热泵等先进技术取自自然环境（如大气、地表水、污水、浅层地下水、土壤等）的能量；可再生能源的使用不应造成对环境和原生态系统的破坏以及对自然资源的污染，得1分。

4 具有明确的分项节能指标及综合节能指标，得1分。

5 充分利用余热余压，得1分。

6 使用低碳、清洁的新能源，得1分。

5.2.10 水资源评价总分值为6分，应按下列规则评分并累计：

1 根据当地水资源状况，因地制宜地制定节水规划方案，如中水、雨水回用等，保证方案的经济性和可实施性，得1.5分。

2 提高用水效率：按高质高用、低质低用的原则，生活用水、景观用水和绿化用水等按用水水质要求分别提供、梯级处理回用；采用节水系统、节水器具和设备，如卫生间采用低水量冲洗便器等；采用节水的景观和绿化浇灌设计，如景观用水不使用市政自来水，尽量利用河湖水、收集的雨水或再生水，绿化浇灌采用微灌、滴灌等节水措施，得1.5分。

3 雨水、污水综合利用：采用雨水、污水分流系统，有利于污水处理和雨水的回收再利用；在水资源短缺地区，通过技术经济比较，合理采用雨水和中水回用系统；合理规划地表与屋顶雨水径流途径，最大程度降低地表径流，采用多种渗透措施增加雨水的渗透量，得1.5分。

4 具有明确的分项节水指标及综合节水指标，得1.5分。

5.2.11 材料资源评价总分值为6分，应按下列规则评分并累计：

1 采用高性能、低材耗、耐久性好的新型建筑体系；选用可循环、可回用和可再生的建材；采用工业化生产的成品，减少现场作业；遵循模数协调原则，减少施工废料；减少不可再生资源的使用，得3分。

2 使用绿色建材：选用高性能、高耐久性和本地建材，减少建材在全生命周期中的能源消耗；选用可降解、对环境污染少的建材；使用原料消耗量少和采用废弃物生产的建材；使用可节能的功能性建材，得3分。

5.2.12 环境安全评价总分值为6分，应按下列规则评分并累计：

1 大气污染物排放符合国家现行相关标准的规定，并满足国家排污许可要求，得1.5分。

2 水污染物排放符合国家现行相关标准的规定，并满足国家排污许可要求，得1.5分。

3 固体废物的储存和处置应符合国家现行相关标准的规定，在分类收集和处理固体废物的过程中采取无二次污染的预防措施。针对自身产生的固体废物采用减量化、无害化、资源化的处理、处置方式，得1分。

4 厂界环境噪声排放符合国家现行相关标准的规定，得1分。

5 对工厂厂界范围内的温室气体排放进行核算和报告，得1分。

Ⅲ 创新性评价

5.2.13 理念创新、体现人与自然和谐共生的可持续发展理念，评价分值为5分。

5.2.14 技术创新评价总分值为15分，应按下列规则评分并累计：

1 技术创新，设计过程中采取自主研发的新技术、新工艺、新流程、新材料、新装备、新产品等，得9分。

2 依托本工程取得的创新成果（课题、专利、专有技术、奖项、竞赛活动成果、国家示范试点、参编标准、期刊论文等），填补国内空白或接近国际水平，得6分。

Ⅳ 效益评价

5.2.15 经济效益评价总分值为10分，应按下列规则评分并累计：

1 与同类同期工程相比较，在综合投资方面有显著改进，并取得显著成效，重要经济技术指标处于领先水平，得5分。

2 推动实现可持续发展和共同繁荣，得5分。

5.2.16 社会效益评价总分值为10分，应按下列规则评分并累计：

1 与同类同期工程相比较，在资源节约、环境保护、生态融合等方面亮点突出，社会满意度较高，得5分。

2 对当地相关产业有辐射带动作用，对推动生态治理与战略性转型产业深度融合贡献巨大，得5分。

5.3 石 化 工 程

Ⅰ 先进性评价

5.3.1 工艺设计评价总分值为10分，应按下列规则评分并累计：

1 严格贯彻执行国家的产业政策，采用适用、安全、经济、可靠和促进可持续发展的新工艺、新技术、新材料和新设备。将高新技术成果转化为生产力，实现产业化，得3分。

2 工艺设计方案先进合理、经济可靠，产品质量、绿色低碳、节能减排、综合利用等指标优于同类装置，主要经济技术指标达到国内外先进水平，得3分。

3 对于内容复杂，技术难度高的工程，经过精心设计，妥善处理，取得明显效果，得2分。

4 采用的技术措施先进合理，工程建成后取得良好效果，或在应用现代科技方面取得显著成绩，得2分。

5.3.2 设备设计评价总分值为4分，应按下列规则评分并累计：

1 与国内同类设备相比处于领先地位或接近国际水平，得2分。

2 设备国产化率高，主要设备选型、机械化、自动化等方面技术先进实用，得2分。

5.3.3 自控设计评价总分值为4分，应按下列规则评分并累计：

1 设计满足工艺生产过程和操作过程对检测和控制的要求；自动化系统和仪表设备选型正确合理先进，技术领先，获得良好效果，得2分。

2 控制系统硬件配置经济合理，能达到优化控制的目的，效果明显，得1分。

3 采用、借鉴先进技术，对现代化生产、调度管理、生产计量、计算机通信联网等取得显著效益，处于国内领先地位或接近国际水平，得1分。

5.3.4 建筑设计评价总分值为3分，应按下列规则评分并累计：

1 根据建筑使用功能统筹考虑全生命周期内土地、能源、水、材料资源利用及环境保护、职业健康和运行管理等的不同要求，得1分。

2 创造优美厂区环境，并在节约用地、日照通风、公建配套、交通组织或园林绿化、保护自然生态等方面取得显著成果，得 1 分。

3 运用新技术、新结构、新材料及新产品，效果显著，具有领先和推广意义，得 1 分。

5.3.5 结构设计评价总分值为 3 分，应按下列规则评分并累计：

1 结构方案优化，布置恰当，传力明确，构造合理，节约成本并方便施工，得 1 分。

2 有特殊要求的项目，采用创新性技术方案，实际效果良好，得 1 分。

3 采用预制装配结构和模块化设计，显著提高建设进度和质量，得 1 分。

5.3.6 总图设计评价总分值为 2 分，应按下列规则评分并累计：

1 人、物流程（或工艺流程）、节约用地及总体技术经济指标与同类型工程相比，达到国内领先水平，得 1 分。

2 在贯彻一体化、露天化、轻型化设计方面，做到了占地少、投资低、效益高，得 1 分。

5.3.7 暖通设计评价总分值为 2 分，应按下列规则评分并累计：

1 合理选用新技术、新设备、新材料，获得良好效果，得 1 分。

2 根据工艺需求、建筑功能、所在地区气象条件、能源结构、能源政策、环保及经济等要求，进行供暖、通风及空调方案比选，最终方案效果优于同地区、同类项目水平，得 1 分。

5.3.8 电气电信设计评价总分值为 2 分，应按下列规则评分并累计：

1 设计安全可靠、技术先进，设备选型合理；选材恰当，便于施工和维修，得 0.5 分。

2 选用节能型适用产品，效果显著，得 0.5 分。

3 智能化系统各子系统设计具有技术先进、经济、合理、实用、可靠，能提供有效的信息服务；具有开发性、灵活性、可扩性、实用性和安全性，得 0.5 分。

4 集成了现代通信与信息技术、计算机网络技术、行业技术和智能控制技术等量化融合技术，具有较高的企业智能化水平；工艺流程数控化率、企业资源计划（ERP）装备率较高，工业化、信息化深度融合水平明显提升，得 0.5 分。

Ⅱ 绿色性评价

5.3.9 节地与土地资源保护评价总分值为 6 分，应按下列规则评分并累计：

1 建设项目符合所在地土地利用总体规划，得 1 分。

2 建设项目用地符合国家现行有关建设项目用地的规定，得 1 分。

3 厂址场地选择安全可靠，具有较好的工程地质条件和水文地质条件，对自然灾害有充分的抵御能力，得 1 分。

4 建筑用地适度密集，强调用地集约化，工厂容积率、建筑密度、单位用地面积产值符合相关规定，得 1 分。

5 各生产单元之间用地布局紧凑，有效节约用地。厂区平面布置立体化，采用多层建筑结构，地下空间得到充分合理利用，得 1 分。

6 厂区内各场地、设施之间人流和物流短捷、顺畅、不折返，得 1 分。

5.3.10 能源评价总分值为 6 分，应按下列规则评分并累计：

1 全面贯彻国家石化产业发展政策，采用低能耗生产工艺和装备，得 1 分。

2 各种余热和余压资源得到充分利用，得 1 分。

3 充分利用场地自然条件，合理考虑建筑朝向和间距，自然通风和采光得到最大化利用；采用新型建筑材料和结构形式提高密封、保温、隔热性能，得 1 分。

4 采用高效建筑供能、用能系统和设备，得 1 分。

5 可再生能源得到充分利用，得 0.5 分。

6 使用低碳清洁的新能源，得 0.5 分。

7 在节能方面的技术经济指标达到了国内先进水平，得 0.5 分。

8 工艺系统设计中采取节能措施，设备、系统的布置在满足安全运行、方便检修的前提下，做到合理、紧凑，以减少各种介质的能量损失，得 0.5 分。

5.3.11 水资源评价总分值为 6 分，应按下列规则评分并累计：

1 采用不用水或少用水的工艺及设备，实现源头用水减量化，得 1 分。

2 根据当地水资源状况，因地制宜地制定节水规划方案，如中水、雨水回用等，保证方案的经济性和可实施性，得 1 分。

3 雨水、污水综合利用：采用雨水、污水分流系统，有利于污水处理和雨水的回收再利用；在水资源短缺地区，通过技术经济比较，合理采用雨水和中水回用系统；合理规划地表与屋顶雨水径流途径，最大程度地降低地表径流，采用多种渗透措施增加雨水的渗透量，得 1 分。

4 采用低阻力、低水耗的设备与器材，得 1 分。

5 新建具有热水系统的建筑，采用太阳能热水系统；并具有保证用水温度的措施，得 1 分。

6 对新水和循环水供水，采用高效、安全可靠的先进水处理技术，按分级、分质供水原则，采用清污分流、循环供水、串级供水等技术，重视水的重复利用率，提高循环水的浓缩倍数，减少排污水量及减少系统的补充水量；循环用水全面配置其技术所必需的计量、监控等技术与设备，得 1 分。

5.3.12 材料资源评价总分值为 6 分，应按下列规则评分并累计：

1 采用高性能、低材耗、耐久性好的新型建筑体系，得 1.5 分。

2 选用可循环、可回用和可再生的建筑材料，得 1.5 分。

3 采用工业化生产的成品，减少现场作业，得 1 分。

4 遵循模数协调原则，减少施工废料，得 1 分。

5 减少不可再生资源的使用，得 1 分。

5.3.13 环境安全评价总分值为 6 分，应按下列规则评分并累计：

1 固体废物的储存和处置符合相关标准的规定，在分类收集和处理固体废物的过程中采取了无二次污染的预防措施。针对自身产生的固体废物采用减量化、无害化、资源化的处理、处置方式，得 1 分。

2 各生产工序产生的废气采取有效的废气处理措施，大气污染物排放符合国家现行相关标准的规定，并满足国家排污许可的要求，得 1 分。

3 各生产工序产生的废水根据不同水质分别进行处理，全厂废水再进一步深度处理后回用、少量废水达标排放或无废水排放。水污染物排放符合国家现行相关标准的规定，并满足国家排污许可要求，得 1 分。

4 各噪声源采用消声器、隔声罩、包裹吸声材料、厂房隔声等措施。厂界环境噪声排放符合国家现行相关标准的规定，得 1 分。

5 适应生产特点，加强配套专业设计，在三废治理上做到"三同时"，充分考虑能量综合利用，变废为宝，或在治理技术上有所创新，符合国家有关规定，效益显著，得 1 分。

6 化学需氧量、氨氮、二氧化硫、氮氧化物、挥发性有机物等主要污染物及有毒有害特征污染物排放等的控制与防治措施到位，符合国家现行相关标准的规定，得 0.5 分。

7 保护场地内原有的自然水域、湿地、植被等，保持场地内的生态系统与场地外生态系统的连贯性，得 0.5 分。

Ⅲ 创新性评价

5.3.14 理念创新、体现人与自然和谐共生的可持续发展理念，评价分值为 5 分。

5.3.15 技术创新评价总分值为 15 分，应按下列规则评分并累计：

1 技术创新，设计过程中采取自主研发的新技术、新工艺、新流程、新材料、新装备、新产品等，得9分。

2 依托本工程取得的创新成果（课题、专利、专有技术、奖项、竞赛活动成果、国家示范试点、参编标准、期刊论文等），填补国内空白或接近国际水平，得6分。

Ⅳ 效益评价

5.3.16 经济效益评价总分值为10分，应按下列规则评分并累计：

1 与同类同期工程相比较，在综合投资方面有显著改进，并取得显著成效；重要经济技术指标处于领先水平，得5分。

2 推动实现可持续发展和共同繁荣，得5分。

5.3.17 社会效益评价总分值为10分，应按下列规则评分并累计：

1 与同类同期工程相比较，在资源节约、环境保护、生态融合等方面亮点突出，社会满意度较高，得5分。

2 对当地相关产业有辐射带动作用，对推动生态治理与战略性转型产业深度融合贡献巨大，得5分。

5.4 电力工程（发电工程）

Ⅰ 先进性评价

5.4.1 总图设计评价总分值为4分，应按下列规则评分并累计：

1 总平面布置方案的选择和优化科学、合理，总工艺流程顺畅，功能分区合理，得1分。

2 厂区内外设施(如道路、输煤皮带、管线)配合协调，得1分。

3 竖向布置方式，厂区场地标高设计合理，挖填土石方量及土方平衡合理，得0.5分。

4 厂区管沟及管架走廊布置合理，顺畅，得0.5分。

5 采用先进的设计思路和方法，为绿色施工创造条件，取得良好效果，得0.5分。

6 总平面技术指标先进、合理，得0.5分。

5.4.2 土建设计评价总分值为4分，应按下列规则评分并累计：

1 基础形式、埋置深度和地基处理方案合理、经济，得0.5分。

2 主厂房横向、纵向承重结构体系和选型设计合理，得0.5分。

3 主要辅助生产建（构）筑物结构设计合理，得0.5分。

4 主要建筑物面积及平面、空间布置(包括平面及竖向交通)合理，得0.5分。

5 屋面、采光、楼面、围护结构设计合理，得0.5分。

6 主要建筑物造型及景观、人性化、工业化设计效果显著，得0.5分。

7 采用先进的设计思路和方法，为绿色施工创造条件，取得良好效果，得1分。

5.4.3 工艺设计评价总分值为10分，应按下列规则评分并累计：

1 采用先进适用技术或重大技术措施，与同类型工程相比有明显的改进，得2分。

2 技术指标先进，得5分。

3 辅机及材料选型节能高效，裕量合理，节能效果显著，得2分。

4 通过三维精细化设计手段，主厂房区域及其他重要工艺系统设备与管线布置合理，工艺流程顺畅，检修维护空间适度，得1分。

5.4.4 电控设计评价总分值为4分，应按下列规则评分并累计：

1 采用先进适用技术或重大技术措施，与同类型工程相比有明显的改进，得1分。

2 电厂主接线、运行方式设计安全可靠、技术先进，得1分。

3 设备选型合理，选材恰当，便于施工和维修，得0.5分。

4 选用节能型适用产品，效果显著，得0.5分。

5 热控自动化范围、自动化控制水平和软硬件设计水平先进，技术领先，获得良好效果，得 0.5 分。

6 采用了现代通信与信息技术、计算机网络技术和智能控制技术等量化融合技术，具有较高的智能化水平，得 0.5 分。

5.4.5 给水排水及消防设计评价总分值为 4 分，应按下列规则评分并累计：

1 水务管理和水量平衡采用先进合理的工艺技术措施；在节能、环保、消防安全等某一方面取得显著成效，或优于同类项目，得 2 分。

2 合理选用新设备、新材料，效果良好，得 2 分。

5.4.6 化学及环保设计评价总分值为 4 分，应按下列规则评分并累计：

1 工艺设计方案先进合理、经济可靠，得 2 分。

2 材料设备国产化率高，主要设备选型、机械化、自动化等方面技术先进实用，得 1 分。

3 全厂环保技术措施先进合理，工程建成后取得良好效果，得 1 分。

Ⅱ 绿色性评价

5.4.7 节地与土地资源保护评价总分值为 6 分，应按下列规则评分并累计：

1 采用模块化设计，优化主要工艺系统，合理压缩各车间占地面积，得 2 分。

2 鼓励采用节约占地的新工艺，减少厂区用地，得 1 分。

3 尽量减少建（构）筑物数量，并将性质和功能相同或相近的建（构）筑物进行联合、合并布置，以减少厂区用地，得 1 分。

4 合理规划厂区布置，严格控制道路、广场及管线占地面积，得 1 分。

5 用地指标先进、合理。厂区占地面积同比达到国内先进水平，得 1 分。

5.4.8 能源评价总分值为 8 分，应按下列规则评分并累计：

1 工艺系统设计中采用节能措施。设备、系统的布置在满足安全运行、方便检修的前提下，做到合理、紧凑，以减少各种介质的能量损失，得 2 分。

2 在材料选择时充分考虑节能的措施，得 2 分。

3 建筑节能降耗措施先进，得 2 分。

4 发电热效率（TMCR 工况）、发电标准煤耗（TMCR 工况）、厂用电率（含脱硫脱硝）等能耗指标达到国内同类机组先进水平，得 2 分。

5.4.9 水资源评价总分值为 5 分，应按下列规则评分并累计：

1 优先采用城市污水处理厂中水和煤矿疏干水，减少地表水用量，得 1 分。

2 提高水的重复利用率，做到一水多用，得 1 分。

3 污水、废水排放处理方案环保先进。正常运行条件下，所有污水、废水全部回用，实现脱硫废水零排放，得 1 分。

4 确定各分项节水指标及综合节水指标。与国内同类型机组电厂相比，耗水指标达到先进的水平，得 2 分。

5.4.10 材料资源评价总分值为 5 分，应按下列规则评分并累计：

1 采用合理的结构形式和材料，减少建筑物的荷重，节约钢材、水泥用量，得 2 分。

2 对建筑物布置方案进行优化，减少主厂房容积率，节省钢材、水泥等原材料，得 1 分。

3 采用三维空间设计，合理布置管线与电缆，得 1 分。

4 钢材、水泥和电缆消耗同比达到国内先进水平，得 1 分。

5.4.11 环境安全评价总分值为 6 分，应按下列规则评分：

环境保护（防治烟尘、废气、废水、废渣及噪声）的方案合理，技术成熟，运行效果好。主要相关方案包括：烟尘处理方案；脱硫处理方案；脱硝处理方案；废水处理方案；灰渣综合利用；噪声防护措施。

Ⅲ 创新性评价

5.4.12 理念创新、体现人与自然和谐共生的可持续发展理念，评价分值为5分。

5.4.13 技术创新评价总分值为15分，应按下列规则评分并累计：

1 技术创新，设计过程中采取自主研发的新技术、新工艺、新流程、新材料、新装备、新产品等，得9分。

2 依托本工程取得的创新成果（课题、专利、专有技术、奖项、竞赛活动成果、国家示范试点、参编标准、期刊论文等），填补国内空白或接近国际水平，得6分。

Ⅳ 效益评价

5.4.14 经济效益评价总分值为10分，应按下列规则评分并累计：

1 与同类同期工程相比较，在综合投资方面有显著改进，并取得显著成效；重要经济技术指标处于领先水平，得5分。

2 推动实现可持续发展和共同繁荣，得5分。

5.4.15 社会效益评价总分值为10分，应按下列规则评分并累计：

1 与同类同期工程相比较，在资源节约、环境保护、生态融合等方面亮点突出，社会满意度较高，得5分。

2 对当地相关产业有辐射带动作用，对推动生态治理与战略性转型产业深度融合贡献巨大，得5分。

5.5 电力工程（输电线路工程）

Ⅰ 先进性评价

5.5.1 电气设计评价总分值为10分，应按下列规则评分并累计：

1 设计依据性基础资料经充分调查研究，齐全可靠，得2分。

2 路径进行多方案技术经济比较，选择最优，得3分。

3 导地线及OPGW等选型合理，得2分。

4 结合线路当地的自然条件和环境特点，合理配置线路绝缘水平，妥善解决污秽、导地线振动及雷害等问题，绝缘子、金具选择符合工程实际要求，得2分。

5 采用三维设计等数字化技术，得1分。

5.5.2 土建设计评价总分值为10分，应按下列规则评分并累计：

1 大跨越、重冰区、不良地质作用、复杂地形等地段，充分搜集资料，调查研究，深入论证，采用合理可靠的设计方案和技术措施，得3分。

2 塔型规划经济合理、较好满足工程需要，杆塔设计优化，得4分。

3 因地制宜，合理选择基础形式，优先采用原状土基础，得2分。

4 采用三维设计等数字化技术，得1分。

5.5.3 技术经济指标控制评价总分值为10分，应按下列规则评分并累计：

1 控制工程造价，措施有效，得3分。

2 单位公里造价指标合理。主要包括钢材、混凝土、土石方、林木砍伐、房屋拆迁及工程造价等，得3分。

3 与同期同类工程相比技术经济指标处于国内先进水平，并满足安全可靠、经济适用、符合国情的要求，得4分。

Ⅱ 绿色性评价

5.5.4 节地与土地资源保护评价总分值为8分，应按下列规则评分并累计：

1 线路路径尽量避开城镇规划，少占基本农田；场地环境应安全可靠，远离污染源，并对自然灾害有充分的抵御能力；保护自然生态环境，避免建筑行为造成水土流失或其他灾害，得2分。

2 采用同塔多回技术，在同一走廊内尽量布置多回输电线路，高效利用土地，提高空间的使用率，得2分。

3 采用紧凑型、V形串等技术，增强输电能力，减少线路走廊宽度，达到节省占地的目的，得1分。

4 杆塔位的植被恢复优先种植乡土植物，采用少维护、耐候性强的植物，减少日常维护的费用，得1分。

5 杆塔巡视道路充分利用已有公共交通网络，得1分。

6 电缆线路采用非开挖技术敷设，得1分。

5.5.5 能源评价总分值为8分，应按下列规则评分并累计：

1 采用节能导线，减小电阻，减少输电线路电能损失，得4分。

2 架空地线采用节能接地技术，减少电能损耗，得4分。

5.5.6 材料资源评价总分值为6分，应按下列规则评分并累计：

1 选用可循环、可回用和可再生的建材；采用工业化生产的成品，减少现场作业；减少施工废料；减少不可再生资源的使用，得3分。

2 使用绿色建材。选用高性能、高耐久性和本地建材，减少建材在全生命周期中能源消耗；选用可降解、对环境污染少的建材；使用原料消耗量少或采用废弃物生产的建材；使用可节能的功能性建材，得3分。

5.5.7 环境安全评价总分值为8分，应按下列规则评分并累计：

1 基础及铁塔长短腿选型合理，少开土石方，保护植被，减少水土流失，得3分。

2 对通信线路、无线电通信、广播电视等干扰的防护措施有效，得2分。

3 对可听噪声、电磁影响及地面场强的预防到位，得2分。

4 施工中多余的土石方处理方案合理，得1分。

Ⅲ 创新性评价

5.5.8 理念创新、体现人与自然和谐共生的可持续发展理念，评价分值为5分。

5.5.9 技术创新评价总分值为15分，应按下列规则评分并累计：

1 技术创新，设计过程中采取自主研发的新技术、新工艺、新流程、新材料、新装备、新产品等，得9分。

2 依托本工程取得的创新成果（课题、专利、专有技术、奖项、竞赛活动成果、国家示范试点、参编标准、期刊论文等），填补国内空白或接近国际水平，得6分。

Ⅳ 效益评价

5.5.10 经济效益评价总分值为10分，应按下列规则评分并累计：

1 与同类同期工程相比较，在综合投资方面有显著改进并取得显著成效，重要经济技术指标处于领先水平，得5分。

2 推动实现可持续发展和共同繁荣，得5分。

5.5.11 社会效益评价总分值为10分，应按下列规则评分并累计：

1 与同类同期工程相比较，在资源节约、环境保护、生态融合等方面亮点突出，社会满意度较高，得5分。

2 对当地相关产业有辐射带动作用，对推动生态治理与战略性转型产业深度融合贡献巨大，得5分。

5.6 电力工程（变电站工程）

Ⅰ 先进性评价

5.6.1 总平面设计评价总分值为3分，应按下列规则评分并累计：
1 站址选择合理，总体规划好，方便扩建，得1.5分。
2 总平面布置紧凑恰当，经济合理，因地制宜，减少土石方工程量，得1.5分。

5.6.2 建筑设计评价总分值为3分，应按下列规则评分并累计：
1 建筑设计标准掌握适度，做到全站统一规划，分区合理，使用方便，得1分。
2 平面与立面造型协调，得1分。
3 采用三维设计技术，得1分。

5.6.3 结构设计评价总分值为3分，应按下列规则评分并累计：
1 在工程设计中积极采用新技术、新材料、新结构，符合工程具体条件，取得明显成效，得1分。
2 根据不同的地质条件，选择合理的地基处理方案，得1分。
3 采用三维设计等数字化技术，得1分。

5.6.4 给水排水设计评价总分值为3分，应按下列规则评分并累计：
1 给水排水及消防设计优化，得2分。
2 采用正确的技术措施，在节能、环保、消防安全的某一方面取得显著成效，得1分。

5.6.5 暖通设计评价总分值为2分，应按下列规则评分并累计：
1 设计新颖，技术领先，积极推广新技术，得1分。
2 合理选用新设备、新材料，获得良好效果，得1分。

5.6.6 电气设计评价总分值为8分，应按下列规则评分并累计：
1 主接线及二次系统优化，主要设备参数、主要材料选择合适，得4分。
2 配电装置选型和工艺设计有改进和创新，或解决了某些技术难题，取得明显效果，得3分。
3 采用三维设计技术，得1分。

5.6.7 经济技术指标评价总分值为8分，应按下列规则评分并累计：
1 各项技术经济指标（如占地面积、总投资、建筑面积、电缆消耗等）达到国内同期同类工程的先进水平，得4分。
2 工程造价合理，得4分。

Ⅱ 绿色性评价

5.6.8 节地与土地资源保护评价总分值为7分，应按下列规则评分并累计：
1 建筑场地优先选用已开发且具城市改造潜力的用地；场地环境应安全可靠，远离污染源，并对自然灾害有充分抵御能力；保护自然生态环境，注重建筑与自然生态环境的协调；避免建筑行为造成水土流失或其他灾害，得3分。
2 采用新型结构体系与高强轻质结构材料，提高建筑空间的使用率，得2分。
3 优先种植乡土植物，采用少维护、耐候性强的植物，减少日常维护的费用，得2分。

5.6.9 能源评价总分值为7分，应按下列规则评分并累计：
1 采用全生命周期内维护量小、低损耗电气设备和导体，得3分。
2 利用场地自然条件，合理考虑建筑朝向，充分利用自然通风和天然采光；提高建筑围护结构的保温隔热性能，采用由高效保温材料制成的复合墙体和屋面并采用密封保温隔热性能好的门窗，得2分。
3 使用可再生能源：充分利用场地的自然资源条件，开发利用可再生能源，如太阳能。可再生能源的使用不应造成对环境和原生态系统的破坏以及对自然资源的污染，得 2 分。

5.6.10 水资源评价总分值为 4 分，应按下列规则评分并累计：

1 根据当地水资源状况，因地制宜，保证方案的经济性和可实施性，得 2 分。

2 提高用水效率：采用节水系统、节水器具和设备，得 1 分。

3 雨水、污水综合利用：采用雨水、污水分流系统，优化污水处理和雨水回收利用措施；合理规划地表与屋顶雨水径流，最大程度降低地表径流，采用多种渗透措施增加雨水的渗透量，得 1 分。

5.6.11 材料资源评价总分值为 6 分，应按下列规则评分并累计：

1 采用高性能、低材耗、耐久性好的新型建筑体系；选用可循环、可回用和可再生的建材；采用工业化生产的成品，减少现场作业；遵循模数协调原则，减少施工废料；减少不可再生资源的使用，得 2 分。

2 使用绿色建材：选用高性能、高耐久性和本地建材，减少建材在全生命周期中的能源消耗；选用可降解、对环境污染少的建材；使用可节能的功能性建材，得 2 分。

3 优化建（构）筑物和基础的结构形式，降低材料用量，得 2 分。

5.6.12 环境安全评价总分值为 6 分，应按下列规则评分并累计：

1 对可听噪声、电磁影响、排污等的控制与防治措施到位，得 1.5 分。

2 水土保持设计方案合理，得 1.5 分。

3 消防设计满足国家现行标准，符合建设环境要求，得 1.5 分。

4 工程运行环境体现人性化需要，得 1.5 分。

Ⅲ 创新性评价

5.6.13 理念创新、体现人与自然和谐共生的可持续发展理念，评价分值为 5 分。

5.6.14 技术创新评价总分值为 15 分，应按下列规则评分并累计：

1 技术创新，设计过程中采取自主研发的新技术、新工艺、新流程、新材料、新装备、新产品等，得 9 分。

2 依托本工程取得的创新成果（课题、专利、专有技术、奖项、竞赛活动成果、国家示范试点、参编标准、期刊论文等），填补国内空白或接近国际水平，得 6 分。

Ⅳ 效益评价

5.6.15 经济效益评价总分值为 10 分，应按下列规则评分并累计：

1 与同类同期工程相比较，在综合投资方面有显著改进，并取得显著成效；重要经济技术指标处于领先水平，得 5 分。

2 推动实现可持续发展和共同繁荣，得 5 分。

5.6.16 社会效益评价总分值为 10 分，应按下列规则评分并累计：

1 与同类同期工程相比较，在资源节约、环境保护、生态融合等方面亮点突出，社会满意度较高，得 5 分。

2 对当地相关产业有辐射带动作用，对推动生态治理与战略性转型产业深度融合贡献巨大，得 5 分。

5.7 电力工程（新能源工程）

Ⅰ 先进性评价

5.7.1 新能源电站与电网友好性评价总分值为 5 分，应按下列规则评分并累计：

1 新能源电站发电功率预测方案合理，预测水平优于同类工程，得 2 分。

2 新能源电站出力特性对电网友好,得 3 分。

5.7.2 新能源总平面设计评价总分值为 5 分,应按下列规则评分并累计:

1 场区整体规划及站址选择合理,外部条件优越,交通便利、总体规划好,得 2 分。

2 总平面布置做到紧凑恰当,经济合理,因地制宜,便于扩建,得 2 分。

3 在环境友好、综合利用及经济指标等方面优于同类工程,得 1 分。

5.7.3 工艺设计评价总分值为 5 分,应按下列规则评分并累计:

1 设计手段先进、工艺布局合理;设计方案经济合理、美观大方、生态友好,与当地规划协调统一,有突出亮点,得 2 分。

2 在提高发电量、节能降耗、改善环境等方面优于同类工程,得 2 分。

3 对于内容复杂,技术难度高的工程,经过精心设计,妥善处理,取得明显效果,得 1 分。

5.7.4 电气设计评价总分值为 5 分,应按下列规则评分并累计:

1 主接线方案合理,设计技术先进适用,与同类型工程相比有突出的特点,得 2 分。

2 选用节能型适用设备和产品,能有效降低电能损耗,得 2 分。

3 二次系统智能化,系统设计有改进和创新;或解决了某些技术难题,能提供有效的信息服务;具有开发性、灵活性、可扩性、实用性和安全性的特点,得 1 分。

5.7.5 结构设计评价总分值为 5 分,应按下列规则评分并累计:

1 在工程设计中积极采用新技术、新材料、新结构,符合工程具体条件,取得明显成效,得 2.5 分。

2 根据不同的地质条件,选择合理的地基处理方案。有特殊要求的项目,采用技术含量高的处理措施,实际效果良好,得 2.5 分。

5.7.6 主要技术指标控制评价。供电效率等主要技术指标优于国内同类、同时期工程水平,得 5 分。

Ⅱ 绿色性评价

5.7.7 节地与土地资源保护评价总分值为 6 分,应按下列规则评分并累计:

1 合理规划总平面布置,采用节省占地的工艺和技术,减少综合用地面积,得 1.5 分。

2 尽量避开城镇规划和基本农田;场地环境应安全可靠,对自然灾害有充分的抵御能力;保护自然生态环境,避免造成水土流失或其他灾害,得 1.5 分。

3 工程建设用地适度密集,强调土地集约化利用,合理规划并高效利用土地。用地指标与同类工程相比有明显优势,得 1.5 分。

4 设计方案应尽量减少对周边自然环境及生产生活设施的负面影响;减少废水、废气、废物的排放以及考虑对周边环境的植被恢复和美化。达到与周边自然环境和生产生活环境的和谐统一,得 1.5 分。

5.7.8 能源评价总分值为 8 分,应按下列规则评分并累计:

1 合理采用节能设备和线材,有效降低综合电能损耗。能耗指标达到国内先进水平,得 4 分。

2 充分发挥新能源工程的优势,合理利用场地的自然资源条件和可再生能源,可再生能源的使用不应造成对环境和原生态系统的破坏以及对自然资源的污染,得 4 分。

5.7.9 水资源评价总分值为 4 分,应按下列规则评分并累计:

1 因地制宜地制定节水规划方案,保证方案的经济性和可实施性,得 1 分。

2 在水资源短缺地区,采用合理节水措施;亮点突出,效果明显,得 1 分。

3 用水符合高质高用、低质低用的原则,积极采用节水措施、设备,提高用水效率,得 1 分。

4 采用雨水、污水分流系统,合理规划地表与屋顶雨水径流途径,最大程度降低地表径流,采用多种渗透措施增加雨水的渗透量,得 1 分。

5.7.10 材料资源评价总分值为 6 分,应按下列规则评分并累计:

1 设计方案积极采用高性能、低能耗、耐久性好的新型材料;选用可循环、可回用和可再生的建材;采用工业化生产的成品,尽量减少现场作业、减少施工废料以及减少不可再生资源的使用,得 2 分。

2 使用绿色建材：选用高性能、高耐久性和本地建材，减少建材在全生命周期中的能源消耗；选用可降解、对环境污染少以及节能功能性建材，得 2 分。

3 优化基础的结构形式，降低材料用量，得 2 分。

5.7.11 环境安全评价总分值为 6 分，应按下列规则评分并累计：

1 工程总体布局注意与当地生态环境融合，避让生态保护区和生态脆弱区域，尽量减少对原有生态系统的影响，得 1.5 分。

2 水土保持、植被恢复方案合理有效，得 1.5 分。

3 可听噪声、电磁影响、污水处理等的控制与防治措施到位，得 1.5 分。

4 减少对动物栖息地，觅食地的影响，措施合理有效，得 1.5 分。

Ⅲ 创新性评价

5.7.12 理念创新，体现人与自然和谐共生的可持续发展理念，评价分值为 5 分。

5.7.13 技术创新评价总分值为 15 分，应按下列规则评分并累计：

1 技术创新，设计过程中采取自主研发的新技术、新工艺、新流程、新材料、新装备、新产品等，得 9 分。

2 依托本工程取得的创新成果（课题、专利、专有技术、奖项、竞赛活动成果、国家示范试点、参编标准、期刊论文等），填补国内空白或接近国际水平，得 6 分。

Ⅳ 效益评价

5.7.14 经济效益评价总分值为 10 分，应按下列规则评分并累计：

1 与同类同期工程相比较，在综合投资方面有显著改进并取得显著成效，重要经济技术指标处于领先水平，得 5 分。

2 推动实现可持续发展和共同繁荣，得 5 分。

5.7.15 社会效益评价总分值为 10 分，应按下列规则评分并累计：

1 与同类同期工程相比较，在资源节约、环境保护、生态融合等方面亮点突出，社会满意度较高，得 5 分。

2 对当地相关产业有辐射带动作用，对推动生态治理与战略性转型产业深度融合贡献巨大，得 5 分。

5.8 建材工程

Ⅰ 先进性评价

5.8.1 工艺设计评价总分值为 10 分，应按下列规则评分并累计：

1 采用先进水泥工艺技术，得 2.5 分。

2 水泥生产企业单位产品的标准煤耗、综合电耗、综合能耗等技术指标满足现行国家标准《水泥单位产品能源消耗限额》GB 16780 中的能源消耗限额先进值的要求和现行团体标准《第二代新型干法水泥技术装备验收规程》T/CBMF 6 的相关要求，得 2.5 分。

3 NO_x、SO_2、粉尘等排放指标满足现行团体标准《第二代新型干法水泥技术装备验收规程》T/CBMF 6 中的相关规定，得 2.5 分。

4 采用 BIM 等先进设计手段，提升设计质量和水平，得 2.5 分。

5.8.2 设备设计评价总分值为 6 分，应按下列规则评分并累计：

1 主机装备技术水平达到国内领先水平，具有推广应用的价值，得 3 分。

2 水泥装备满足现行团体标准《第二代新型干法水泥技术装备验收规程》T/CBMF 6 的相关要求，得 3 分。

5.8.3 总图设计评价总分值为4分，应按下列规则评分：

合理利用自然地形，减少土方开挖和回填量、建筑物、构筑物、护坡和挡土墙等工程量，利用地势高差缩短输送距离，减少用地面积，同时最大限度地减少对土地的扰动，保护周边自然生态环境。

5.8.4 建筑设计评价总分值为2分，应按下列规则评分并累计：

1 充分结合行业特征和特殊性，积极采用绿色节能新技术、新材料、新工艺、新设备，得1分。

2 建筑设计应结合区域环境特点，进行美化、绿化、亮化设计，与当地生态环境及人文环境相协调，得1分。

5.8.5 结构设计评价总分值为3分，应按下列规则评分并累计：

1 结构设计安全、经济、美观，满足工艺生产功能要求，得1.5分。

2 推广应用适用的结构、新材料、新理论方面有显著作用并获得显著经济、社会或环境效益，得1.5分。

5.8.6 给水排水设计评价总分值为1分，应按下列规则评分并累计：

1 合理规划取水、给水处理、供水、排水处理回用系统，得0.5分。

2 雨水、污水分流，清水、污水分流，得0.5分。

5.8.7 暖通设计评价总分值为1分，应按下列规则评分：

结合工艺需求、生产班制、建筑功能、所在地区气象条件、能源状况、能源政策、环保及经济等要求，进行供暖、通风及空调方案比选，选择经济合理、运行可靠的方案。

5.8.8 电气设计评价总分值为3分，应按下列规则评分并累计：

1 电气系统的设计经济合理、高效节能，得1分。

2 电气设备技术先进、成熟、可靠、损耗低、谐波发射量少、能效高、经济合理，得1分。

3 水泥厂智能化硬件及软件系统满足现行团体标准《第二代新型干法水泥技术装备验收规程》T/CBMF 6中的相关规定，得1分。

Ⅱ 绿色性评价

5.8.9 节地与室外环境评价总分值为6分，应按下列规则评分并累计：

1 厂址选择符合所在地土地利用总体规划，得2分。

2 充分合理利用土地资源，尽量不占用或少占用农用地；优先选用山地、山坡地、荒地及废弃地，得1分。

3 厂址场地选择安全可靠，具有较好的工程地质条件和水文地质条件，对自然灾害有充分的抵御能力，得1分。

4 厂址靠近原料、燃料供应地或主要销售地，且对外具有顺畅便捷的交通运输条件，得1分。

5 各生产车间之间用地布局紧凑，缩短厂内运输距离，有效节约用地，得1分。

5.8.10 能源评价总分值为6分，应按下列规则评分并累计：

1 贯彻国家水泥产业发展政策，采用低能耗生产工艺和装备，得2分。

2 水泥生产企业单位产品的标准煤耗、综合电耗、综合能耗等技术指标应满足国家现行节能降耗相关标准；指标先进，得2分。

3 充分利用余热资源，进行余热发电和采暖等，得2分。

5.8.11 水资源评价总分值为6分，应按下列规则评分并累计：

1 提高用水重复再利用率、间接冷却水循环率、雨水利用率；降低单位产品耗水量，得1.5分。

2 对新水和循环水，采用高效、安全可靠的先进水处理技术，循环用水配置其技术所必需的计量、监控等技术与设备，得1.5分。

3 采用先进工艺对循环水系统的排污水及其他废水进行有效处理并回用，实现工业废水零排放，得1.5分。

4 对厂区内的雨水进行收集并利用，得 1.5 分。

5.8.12 材料资源评价总分值为 4 分，应按下列规则评分：
工业废渣作为原料或混合材实现综合利用。

5.8.13 环境安全评价总分值为 8 分，应按下列规则评分并累计：
1 采用高质量、高品位、污染成分低的原燃料，从源头控制污染物产生，得 1 分。
2 各系统产生的废气采取有效的废气处理措施达标排放，得 1 分。
3 生产污水进行处理，全厂污水实现零排放，得 1 分。
4 各噪声源采用消声器、隔声罩、包裹吸声材料、厂房隔声等措施，得 1 分。
5 利用水泥窑处理各类废弃物，得 1 分。
6 NO_x、SO_2、粉尘等排放指标满足国家现行相关标准的要求，得 1 分。
7 水泥熟料单位产品碳排放量满足现行团体标准《硅酸盐水泥熟料单位产品碳排放限值》T/CBMF 41，Ⅰ级或Ⅱ级的要求，得 1 分。
8 废气处理装置按照相关标准要求配备在线监测装置，得 1 分。

Ⅲ 创新性评价

5.8.14 理念创新、体现人与自然和谐共生的可持续发展理念，评价分值为 5 分。

5.8.15 技术创新评价总分值为 15 分，应按下列规则评分并累计：
1 技术创新，设计过程中采取自主研发的新技术、新工艺、新流程、新材料、新装备、新产品等，得 9 分。
2 依托本工程取得的创新成果（课题、专利、专有技术、奖项、竞赛活动成果、国家示范试点、参编标准、期刊论文等），填补国内空白或接近国际水平，得 6 分。

Ⅳ 效益评价

5.8.16 经济效益评价总分值为 10 分，应按下列规则评分并累计：
1 与同类同期工程相比较，在综合投资方面有显著改进并取得显著成效，重要经济技术指标处于领先水平，得 5 分。
2 推动实现可持续发展和共同繁荣，得 5 分。

5.8.17 社会效益评价总分值为 10 分，应按下列规则评分并累计：
1 与同类同期工程相比较，在资源节约、环境保护、生态融合等方面亮点突出，社会满意度较高，得 5 分。
2 对当地相关产业有辐射带动作用，对推动生态治理与战略性转型产业深度融合贡献巨大，得 5 分。

5.9 铁路工程

Ⅰ 先进性评价

5.9.1 总体设计评价总分值为 8 分，应按下列规则评分并累计：
1 因地制宜、统筹规划，规模与近、远期运量匹配；设施布局符合铁路运输发展要求，为运营、管理、维修创造条件，得 2 分。
2 采用高效率、低能耗和能源综合利用的新技术、新工艺、新材料、新设备；严禁采用国家明令淘汰的生产工艺和设备，得 2 分。
3 地质勘探准确，不良地质评价及其工程措施意见合理可行；无因地质原因引起重大变更，得 2 分。
4 接口设计合理：注重土建工程之间的设计协调；注重土建工程与站后工程之间的设计协调；注

重项目与外部相关工程之间（包括公路、水利、城镇规划、工矿企业等）的协调，以及相邻铁路间、场、站（段）接入及引出线间的协调和疏解关系；合理确定舒适度要求，并满足线下基础设施及其他系统的功能要求，得2分。

5.9.2 主要技术标准选择评价总分值为3分，应按下列规则评分：

主要技术标准选择应符合项目功能定位，统筹规划，满足社会、经济、环境、能源和工程要求，注重综合比选，相互协调，实现最佳综合能力。

5.9.3 选线（址）评价总分值为3分，应按下列规则评分：

选线（址）应满足社会、经济、地质、环保和工程等综合最优要求，与项目功能定位和运输需求匹配，满足城市规划和产业布局，有助于综合交通运输体系构建，可有效减少运输成本和运营能耗。

5.9.4 运输组织评价总分值为3分，应按下列规则评分：

运量分析准确可信，均衡上下行车流，减少开行欠重、欠轴列车和单机运行；组织直达列车，避免列车重复解编、折角或迂回运输；充分发挥项目运输能力和路网综合效益。

5.9.5 牵引动力设备评价总分值为3分，应按下列规则评分：

采用交－直－交型和使用再生制动技术的电力牵引机车；结合项目所在地自然条件、牵引质量、线路输送能力、运输组织和能源消耗等，合理选择牵引动力设备。

5.9.6 轨道设计评价总分值为2分，应按下列规则评分：

轨道结构采用跨区间无缝线路结构设计。

5.9.7 维护便利性评价总分值为3分，应按下列规则评分：

以科学维护为统领，注重设计和建设的前瞻性，统筹考虑维护管理的功能性需求；采用专业化与集中修、状态修、计划修相结合的方式；有效提高设施和设备可维护性，减少维护工作量，降低维护成本。

5.9.8 建筑设计评价总分值为2分，应按下列规则评分：

按照国家城镇绿色建筑相关要求，贯彻绿色、生态、低碳理念，充分考虑项目所在地区经济社会发展水平、资源禀赋、气候条件和建筑特点，积极推进绿色建筑设计，特大型、大型客运站以及高速铁路客运站应满足绿色铁路车站要求。

5.9.9 装配式建（构）筑物评价总分值为3分，应按下列规则评分：

根据项目所在地经济社会发展状况和产业技术条件，按照适用、经济、安全、绿色和美观的要求，积极推进装配式混凝土建筑和钢结构建筑设计。

Ⅱ 绿色性评价

5.9.10 节地与室外环境评价总分值为7分，应按下列规则评分并累计：

1 工程规模和设备配置应结合铁路等级、运输性质、改扩建的难易程度以及经济、社会效益、环境影响和能源消耗等综合确定，近期建设与远期发展结合，得2分。

2 统筹规划、合理布局，集约、节约利用土地；所采取的工程措施要因地制宜，在安全可靠、经济适用的前提下，尽可能与周围环境相协调，减少土地占用和夹心地；注重保护沿线自然生态和环境，尽可能绕避基本农田保护区，减少占用农田和对农用灌溉设施的损害；防止壅水内涝，有利于水土保持和引水造田；综合建设用地指标符合《新建铁路工程项目建设用地指标》（建标〔2008〕232号）的规定，得2分。

3 场、站（段、所）总平面布置应紧凑，永临结合，合理提高土地利用效率，车辆进、出应顺畅，设备走行距离短；在满足运营安全和运输需求的前提下，综合考虑填挖高度、土石方数量、经济和环境影响等，采用合理的工程形式，高效利用土地，得1分。

4 合理组织施工，做好土石方调配，综合利用弃土（石、碴），减少土石方开挖量和废弃量，得1分。

5 根据《铁路工程绿色通道建设指南》（铁总建设〔2013〕94号）的规定，遵循因地制宜、安全可靠、经济适用、易于管护、兼顾景观的原则进行铁路绿色通道设计，得1分。

5.9.11 能源评价总分值为6分，应按下列规则评分并累计：

1 有条件采用电力作为牵引动力的线路，应采用电力机车牵引；积极采用电能、可再生能源等清洁能源；合理利用空气的低品位热能，煤炭、汽油和柴油等化石能源消费比例控制在能源消耗总量的20%以内，得1分。

2 能源输（配）送系统按照现行国家标准《用能单位能源计量器具配备和管理通则》GB 17167及国家相关标准的规定设置计量装置和必要的监测设备；能源计量器具配备率应达到100%；车站等设置能源管控系统，得1分。

3 通用设备能效应100%达到相应设备现行能效标准节能评价值或以上能效；专有设备宜优选节能型产品，得1分。

4 单位工作量综合能耗达到国内同行业先进或领先水平；建筑能耗满足现行国家标准《民用建筑能耗标准》GB/T 51161约束值，得1分。

5 建筑围护结构的热工参数符合现行国家、行业和地方现行有关标准的规定，得1分。

6 电力系统的电压偏差、三相电压不平衡指标均符合现行国家有关标准的规定；电力谐波治理符合国家现行有关标准规定的限值和允许值；用电系统的功率因数优于国家现行有关标准和规定的限定值，得1分。

5.9.12 水资源评价总分值为5分，应按下列规则评分并累计：

1 单位工作量用水量应达到国内同行业先进或领先水平，得1分。

2 水重复利用率应达到国内同行业先进或领先水平，得1分。

3 给水系统按照现行国家标准《用能单位能源计量器具配备和管理通则》GB 17167及国家现行相关标准的规定设置智能计量装置；水计量器具配备率应达到100%；车站等设置给水自动控制系统，得1分。

4 综合利用各种水资源并符合所在地区水资源综合利用规划；按照用水点对水质、水压要求的不同，采用分系统供水，得1分。

5 排水系统完善，并符合所在地区的排水制度和排水工程规划；按废水水质分流排水，排放水质符合国家现行有关标准的规定，得1分。

5.9.13 材料资源评价总分值为5分，应按下列规则评分并累计：

1 不得使用国家禁止使用的建筑材料或建筑产品，得2分。

2 采用下列建筑材料、建筑制品及技术，得1分：

1）国家批准的推荐建筑材料或产品；

2）车站建筑结构材料合理采用高性能混凝土或高强度钢；

3）复合功能材料；

4）与1）～3）项效果相同的其他建筑材料、建筑制品或新技术。

3 在保证安全和不污染环境的情况下，可再循环材料使用量占所用相应建筑材料总量的10%以上，得1分。

4 使用的建筑材料和产品的性能参数与有害物质的限量应符合现行国家有关标准的规定，得1分。

5.9.14 环境安全评价总分值为7分，应按下列规则评分并累计：

1 选线（址）符合生态保护红线要求；符合国家相关政策及规划；与区域相关规划相容，与所在地环境协调；与区域环境保护规划及环境功能区划相协调，得2分。

2 工程穿越生态敏感区路段应进行方案比选，如无法绕避应设置相应环境保护措施并符合生态敏感区行政主管单位要求，得1分。

3 取、弃土（碴）场设置合规性应达到100%，得1分。

4 对列入国家、地方保护名录的野生保护动植物采取相应的保护措施，落实率应达到100%，得

1 分。

5 噪声、振动、水、大气、固体废物、电磁污染治理达标率应达到 100%，得 1 分。

6 项目通过环保、水保验收，得 1 分。

Ⅲ 创新性评价

5.9.15 理念创新、体现人与自然和谐共生的可持续发展理念，评价分值为 5 分。

5.9.16 技术创新评价总分值为 15 分，应按下列规则评分并累计：

1 技术创新，设计过程中采取自主研发的新技术、新工艺、新流程、新材料、新装备、新产品等，得 9 分。

2 依托本工程取得的创新成果（课题、专利、专有技术、奖项、竞赛活动成果、国家示范试点、参编标准、期刊论文等），填补国内空白或接近国际水平，得 6 分。

Ⅳ 效益评价

5.9.17 经济效益评价总分值为 10 分，应按下列规则评分并累计：

1 与同类同期工程相比较，在综合投资方面有显著改进并取得显著成效，重要经济技术指标处于领先水平，得 5 分。

2 推动实现可持续发展和共同繁荣，得 5 分。

5.9.18 社会效益评价总分值为 10 分，应按下列规则评分并累计：

1 与同类同期工程相比较，在资源节约、环境保护、生态融合等方面亮点突出，社会满意度较高，得 5 分。

2 对当地相关产业有辐射带动作用，对推动生态治理与战略性转型产业深度融合贡献巨大，得 5 分。

5.10 公 路 工 程

Ⅰ 先进性评价

5.10.1 总体设计评价总分值为 5 分，应按下列规则评分并累计：

1 对上一阶段环境影响分析评价的理解充分到位，并提出较先进的应对方案和措施，得 2 分。

2 工程设计手段先进，能够应用互联网技术，提高工程设计效率和设计质量，得 2 分。

3 改扩建项目中，测设手段先进，测设技术可推广应用，并获得显著经济、社会或环境效益，得 1 分。

5.10.2 路线设计评价总分值为 5 分，应按下列规则评分并累计：

1 在满足规范的前提下提高路线设计指标；设计具有前瞻性，充分考虑远期规划及升级改造，得 2.5 分。

2 设计精巧、道路线形优美、行车平顺舒适、充分融合于自然景观。并在生态环境保护、土地资源合理利用等方面取得显著成就，得 2.5 分。

5.10.3 路基路面设计评价总分值为 4 分，应按下列规则评分并累计：

1 设计理念先进、功能完备；推广应用适用的结构、新材料、新理论方面有显著作用并获得显著经济、社会或环境效益，得 2 分。

2 结合工程特点环境要求，耐久性设计成效明显，得 1 分。

3 改扩建工程，充分利用既有工程的残值，得 1 分。

5.10.4 桥涵设计评价总分值为 5 分，应按下列规则评分并累计：

1 设计理念先进、功能完备，推广应用适用的结构、新材料、新理论方面有显著作用并获得显著经济、社会或环境效益。精心设计，桥涵本体美观、实用，与自然景观融合，体现地域自然和人文环境特色，得 2 分。

2 采用先进适用技术或重大技术措施，结构性能和运营条件与同类型工程相比有明显的改进，得 1 分。

3 有特殊要求的项目，采用技术含量高的处理措施，实际效果良好，得 1 分。

4 从全生命周期和施工安全等角度考虑，跨线桥梁合理采用钢结构桥梁设计，得 1 分。

5.10.5 隧道设计评价总分值为 5 分，应按下列规则评分并累计：

1 功能完备，积极推广适用的结构、新材料、新理论方面有显著作用并获得显著经济、社会或环境效益。精心设计，隧道本体美观、实用，与自然景观融合，体现地域自然和人文环境特色，得 2 分。

2 采用先进适用技术或重大技术措施，结构性能和运营条件与同类型工程相比有明显的改进，得 2 分。

3 着重提高安全、环保、通风、照明、排水等相关措施，得 1 分。

5.10.6 交通工程及沿线设施设计评价总分值为 3 分，应按下列规则评分并累计：

1 设计理念先进、功能完备；在新技术、新材料、新工艺、新方法的研究应用方面有明显提升并获得显著经济、社会效益，得 1 分。

2 推广使用先进适用的节能技术措施、节能产品，效果显著，得 1 分。

3 使用智能交通系统，提供有效的交通信息服务，并具有开发性、可扩展性和安全性，得 1 分。

5.10.7 环境与景观工程设计评价总分值为 3 分，应按下列规则评分并累计：

1 设计理念先进、功能完备；在新技术、新材料、新工艺、新方法的研究应用方面有明显提升并获得显著经济、社会效益，得 1 分。

2 设计方案充分考虑生态环境保护要求，生态、环境防护措施先进，效果显著。推广使用先进适用的环保技术措施、环保材料、环保产品，效果显著，得 1 分。

3 设计风格与地域自然、人文环境和谐相融，体现地域自然和人文环境特色，得 1 分。

Ⅱ 绿色性评价

5.10.8 节地与土地资源利用评价总分值为 8 分，应按下列规则评分并累计：

1 公路用地应遵循合理利用土地，切实保护耕地的原则，充分利用建设用地，优先选用荒地、劣地布线，避免大量征地拆迁，严格保护农用耕地、林地、水源地和自然保护区，得 2 分。

2 公路用地指标应符合《公路工程项目建设用地指标》（交通运输部主编，人民交通出版社，2011 年）的要求，无耕地超占现象，优先选择资源占用小的方案，得 2 分。

3 最大限度利用弃方和弃碴，积极推广"零弃方、少借方"理念，合理设置弃土、弃碴场地，做好专项设计；开挖路侧山坡坡体需同步做好措施，保证其稳定，防止水土流失，得 2 分。

4 综合考虑公路、高速公路与普通公路共用线位，改扩建公路充分发挥原通道资源作用，统筹利用走廊带资源；共沟架设通信、供电、监控系统等的管线电缆，并布置在公路用地范围内，节约占地，得 1 分。

5 充分利用地形条件，因地制宜采用低路堤、浅路堑方案，严格控制高填深挖路基；标段划分合理，纵断面设计均衡，尽量做到标段内挖填平衡，得 1 分。

5.10.9 能源评价总分值为 4 分，应按下列规则评分并累计：

1 服务区等附属建筑物利用场地自然条件，合理考虑建筑朝向，充分利用自然通风和天然采光；提高建筑围护结构的保温隔热性能，采用由高效保温材料制成的复合墙体和屋面及密封保温隔热性能好的门窗，得 2 分。

2 使用可再生能源：在公路运营管理与服务设施设计中，应充分利用场地的自然资源条件，合理开发利用风能、太阳能、地热能等可再生能源，以及通过热泵等先进技术取自自然环境（如大气、地表水、污水、浅层地下水、土壤等）的能量。可再生能源的使用不应造成对环境和原生态系统的破坏以及对自然资源的污染，得 1 分。

3 确定各分项节能指标及综合节能指标，得 1 分。

5.10.10 水资源评价总分值为 4 分，应按下列规则评分并累计：

1 公路不得占用居民集中地区的饮用水体，当路基边缘距水体较近时需采取防护措施；饮用水、地下水保护区不得设置污染地下水源的渗水构造物；路面径流不得直接排入饮用水体和养殖水体，得 1 分。

2 用地范围内有积水湿地、地下水渗出或地下水露头时，设置完善的地下排水系统，应根据实际情况设置渗沟（井）等排导设施，得 0.5 分。

3 根据当地水资源状况，因地制宜地制定节水规划方案，如中水、雨水回用等，保证方案的经济性和可实施性，得 0.5 分。

4 提高用水效率：按高质高用、低质低用的原则，生活用水、景观用水和绿化用水等按用水水质要求分别提供、梯级处理回用；采用节水系统、节水器具和设备，得 0.5 分。

5 雨水、污水综合利用：采用雨水、污水分流系统，有利于污水处理和雨水的回收再利用；在水资源短缺地区，通过技术经济比较，合理采用雨水和中水回用系统；合理规划地表雨水径流途径，最大程度降低地表径流，采用多种渗透措施增加雨水的渗透量，得 0.5 分。

6 加强服务区、停车区等公路附属设施生产、生活污水处理能力，采用先进工艺，保证污水达标回用或集中收集存放，达到水资源循环利用，得 0.5 分。

7 确定各分项节水指标及综合节水指标，得 0.5 分。

5.10.11 材料资源评价总分值为 4 分，应按下列规则评分并累计：

1 选用可循环、可回用和可再生的工程施工材料；深入推广标准化设计，构件设计标准化、通用化，促进设计标准化和施工标准化的有机结合，推进采用工业化生产的成品，减少现场作业，减少施工废料，减少不可再生资源的使用，得 1 分。

2 使用绿色工程施工材料：选用高性能、高耐久性和本地工程施工材料，减少工程施工材料在全生命周期中的能源消耗；选用可降解、对环境污染少的工程施工材料；使用原料消耗量少和采用废弃物生产的工程施工材料；使用可节能的功能性工程施工材料，得 1 分。

3 加强钢材、复合材料的循环利用，推进粉煤灰、建筑废料在公路路基填筑及混凝土浇筑中的综合利用，得 1 分。

4 改扩建工程，坚持利用与改扩建相结合的原则，充分合理利用原有工程，充分利用公路废旧材料，推进沥青、水泥混凝土路面及结构物拆除构建等的再生利用，节约工程建设资源，得 1 分。

5.10.12 环境安全评价总分值为 4 分，应按下列规则评分并累计：

1 公路选线避绕自然保护区、连片分布的野生动物栖息地、重要湿地等生态环境敏感区，无法避绕时，出具生态环境保护方案，得 0.5 分。

2 公路设计应将生态环境保护作为方案比选论证的重要因素，坚持保护优先、预防为主、治理为辅、综合治理的原则，对生态环境脆弱的地带或可能因施工造成生态环境难以恢复的地段，应优先选择对环境影响小的方案，并辅以治理方案。落实环境影响评价文件和水土保持方案中提出的各项要求，得 0.5 分。

3 环保工程与土体工程同时设计，措施设计切实有效地防治水土流失及减少地质灾害对工程的影响，结合项目实际协调好公路建设与环境的关系，减少对环境的不利影响，得 0.5 分。

4 充分利用地形、自然风景，减少改变周围的地貌、地形、天然森林、建筑物等景观，最大限度地保护环境，维持原有的生态地貌；隧道施工采用"零开挖"进洞理念，遵循"早进洞，晚出洞"原则；工程扰动区制定生态修复方案，修复面积不小于工程扰动面积，得 0.5 分。

5 公路设计应注重对生物及其栖境保护，避免因公路设计造成的重大生境阻隔，设置符合动物生态习性的通道，防止公路对地表径流造成阻隔；强化原生植被的保护性设计，林地路段限制林木砍伐数量，不得砍伐公路用地之外不影响行车安全的林木；草甸路段限制路侧设置取弃土场，选择地表植被生长差的地方集中设置，得 0.5 分。

6 因地制宜采取声光污染防治措施，减少对道路沿线生态环境及居民正常生活的干扰，得 0.5 分。

7 公路排水设计布局合理，并与沿线排灌系统相协调，保护生态环境，防止水土流失和污染水源；地表排水、路面内部排水、地下排水设施，与沿线排水系统相配合，形成完善的排水系统，得 0.5 分。

8 在不影响路面正常性能的前提下，积极设计采用生态型路面，如透水路面、排水路面、长寿命路面等，得 0.5 分。

5.10.13 提升服务评价总分值为 2 分，应按下列规则评分并累计：

1 公路线形结合地形条件线条流畅，符合行驶力学要求，且满足用路者的视觉、心理与生理方面的要求；提高汽车行驶的安全性、舒适性与经济性；构造物、景观设计与自然环境、区域环境相协调，得 0.5 分。

2 科学设置服务区、路侧港湾停车带、路侧综合型停车区；推广新能源汽车充电桩设施，因地制宜开展观景点等服务设施设计，得 0.5 分。

3 采用隧道通风智能控制系统；隧道洞口外光线明暗变化段，采取亮度过渡措施，得 0.5 分。

4 推广应用服务区多媒体出行信息服务系统、基于 Wi-Fi 的信息服务系统、拓展 ETC 技术应用业务，提升公路设计智慧化水平，得 0.5 分。

Ⅲ 创新性评价

5.10.14 理念创新、体现人与自然和谐共生的可持续发展理念，评价分值为 5 分。

5.10.15 技术创新评价总分值为 15 分，应按下列规则评分并累计：

1 技术创新，设计过程中采取自主研发的新技术、新工艺、新流程、新材料、新装备、新产品等，得 9 分。

2 依托本工程取得的创新成果（课题、专利、专有技术、奖项、竞赛活动成果、国家示范试点、参编标准、期刊论文等），填补国内空白或接近国际水平，得 6 分。

Ⅳ 效益评价

5.10.16 经济效益评价总分值为 10 分，应按下列规则评分并累计：

1 与同类同期工程相比较，在综合投资方面有显著改进，并取得显著成效；重要经济技术指标处于领先水平，得 5 分。

2 推动实现可持续发展和共同繁荣，得 5 分。

5.10.17 社会效益评价总分值为 10 分，应按下列规则评分并累计：

1 与同类同期工程相比较，在资源节约、环境保护、生态融合等方面亮点突出，社会满意度较高，得 5 分。

2 对当地相关产业有辐射带动作用，对推动生态治理与战略性转型产业深度融合贡献巨大，得 5 分。

5.11 水运工程

Ⅰ 先进性评价

5.11.1 总平面设计评价总分值为 8 分，应按下列规则评分并累计：

1 港口选址、岸线利用、总体布局科学合理，充分满足经济发展、适应工业布局、利用自然条件及符合生态环境保护的需求，得 3 分。

2 设计具有前瞻性，远景扩展需求考虑充分，得 2 分。

3 总平面布置在缩短货物运输距离、减少货物提升高度和周转次数，提高运输效率，降低能源消耗等方面效果显著，与港外集疏运配合效率高，得 3 分。

5.11.2 装卸工艺设计评价总分值为 8 分，应按下列规则评分并累计：

1 工艺先进，主要设备选型、机械化、自动化、计算机应用等方面技术先进实用，得 3 分。

2 节能、降低消耗、改善环境、综合利用等指标优于同类码头，得 3 分。

3 设备技术先进，与国内同类设备相比处于领先地位或接近国际水平，得 2 分。

5.11.3 水工结构设计评价总分值为 6 分，应按下列规则评分并累计：

1 推广应用适用的新理论、新结构、新材料方面有显著作用并获得显著环境效益，得 3 分。

2 有特殊要求的项目，采用技术含量高的处理措施，实际效果良好，得 3 分。

5.11.4 道路堆场设计评价总分值为 3 分，应按下列规则评分并累计：

1 设计理念先进、功能完备，推广应用适用的结构、新材料、新理论方面有显著作用，得 1.5 分。

2 工程耐久性设计成效明显，得 1.5 分。

5.11.5 配套设施设计评价总分值为 3 分，应按下列规则评分并累计：

1 有特别功能要求的项目，设计水平有明显提高，得 0.5 分。

2 精心创造舒适环境，设施完善，并在节约用地、日照通风、绿化、保护自然生态等方面取得显著成果的，得 0.5 分。

3 合理选用新设备、新材料，获得良好效果，得 0.5 分。

4 选用节能型适用产品，效果显著，得 0.5 分。

5 智能化系统设计具有技术先进、经济、合理、适用、可靠，能提供有效的信息服务；具有开发性、灵活性、可扩性、实用性和安全性，得 1 分。

5.11.6 环境工程设计评价总分值为 2 分，应按下列规则评分并累计：

1 设计理念先进，功能完备，推广应用适用的新技术、新材料、新理论方面有显著作用并获得显著经济、社会或环境效益，得 0.5 分。

2 设计方案充分考虑生态环境保护要求，生态、环境防护措施先进，效果显著。推广使用先进适用的环保技术措施、环保材料、环保产品，效果显著，得 0.5 分。

3 绿化景观、航道生态护岸美观实用，得 0.5 分。

4 环保设施设计处理能力优于标准排放指标要求，得 0.5 分。

Ⅱ 绿色性评价

5.11.7 节地与土地资源利用评价总分值为 8 分，应按下列规则评分并累计：

1 港址选择优先选用荒地、劣地，避免大量征地拆迁，集约利用岸线和土地资源，充分利用疏浚土或就近取土造陆。避开软弱夹层和炸礁工程量大地区，选址对地震等自然灾害有充分的抵御能力，得 2 分。

2 强调岸线、土地资源的集约化利用。港区总平面布局合理，高效利用土地。采用新型结构体系与高强轻质结构材料，解决水文、地质复杂条件带来的不良影响，得 2 分。

3 取（弃）土场采取生态恢复和水土保持措施，得 2 分。

4 港区交通组织设计合理，确保港区作业的快速、方便和安全，得 2 分。

5.11.8 能源评价总分值为 5 分，应按下列规则评分并累计：

1 水运工程建设项目应按清洁生产、节能减排的原则开展设计，并采用先进的工艺技术、设备产品。港口机械设备宜使用电力等清洁能源；使用的燃料符合国家现行标准的有关规定；合理选择用能设备，使设备在高效区工作；根据设备用能负荷动态变化，采用合理的调控措施；优化用能系统，采用能源回收再生技术，得 2 分。

2 港区内建筑物，合理考虑建筑朝向和间距，充分利用自然通风和天然采光；提高建筑围护结构的保温隔热性能，采用由高效保温材料制成的复合墙体和屋面及密封保温隔热性能好的门窗，得1分。

　　3　使用可再生能源：充分利用场地的自然资源条件，开发利用可再生能源；可再生能源的使用不应造成对环境和原生态系统的破坏以及对自然资源的污染，得1分。

　　4　确定各分项节能指标及综合节能指标，得1分。

5.11.9　水资源评价总分值为5分，应按下列规则评分并累计：

　　1　因地制宜地制定节水规划方案，如中水、雨水回用、充分利用江河湖海等天然水源，保证方案的经济性和可实施性，得2分。

　　2　提高用水效率：按高质高用、低质低用的原则，生活用水、道路喷洒用水、绿化用水等按用水水质要求分别提供；采用节水系统、节水器具和设备，如含煤、矿污水处理后用于堆场、带式输送机喷淋等；尽量利用江河湖海水、收集的雨水或再生水，绿化浇灌采用微灌、滴灌等节水措施，得1分。

　　3　生产生活污水及初期雨水需收集、处理，不得直接排入水体。采用雨水、污水分流系统，有利于污水处理和雨水的回收再利用；通过技术经济比较，合理采用雨水和中水回用系统；合理规划地表与屋顶雨水径流途径，得1分。

　　4　确定各分项节水指标及综合节水指标，得1分。

5.11.10　材料资源评价总分值为4分，应按下列规则评分并累计：

　　1　采用疏浚土、污泥综合利用等固体废弃物资源化措施，得1分。

　　2　建筑物屋面采用绿色环保的隔热防渗材料；港区道路及堆场采用高性能、高耐久性设计并采取防渗措施，得1分。

　　3　采用工业化生产的成品，减少现场作业，减少施工废料；选用对环境污染少的工程施工材料；减少不可再生资源的使用，使用原料消耗量少和采用废弃物生产的工程施工材料，得2分。

5.11.11　环境安全评价总分值为8分，应按下列规则评分并累计：

　　1　水运工程选址应符合生态保护红线空间管控要求，尽量避让生态环境敏感区，无法避绕时必须出具生态环境保护方案。选址涉及划定的生态环境敏感区域时，不得在此区域布置污染环境的设施。根据工程土地和水域占用情况、生物损失量，采取生态恢复、整治措施。对生态敏感区或珍稀、濒危生物物种造成影响的，应开展设计方案的环境影响比选，并提出减缓影响的替代方案，得1分。

　　2　水运工程选址避开炸礁工程量较大地区，选择泥沙运动较弱地区，宜利用天然深槽，减少疏浚和助航设施的工程量，减少对水域扰动，得1分。

　　3　水运工程环境保护设计应依据污染物排放标准、生态保护规定制定环境保护措施，并符合工程环境影响评价报告及批复文件和我国缔结的有关船舶防污染国际公约要求；并根据环境污染事故应急防备目标配备应急设施、设备和物资，得1分。

　　4　设置符合水生生物习性的鱼道、鱼闸等。对海洋生态造成不利影响时，采取人工增殖站、底栖生物移植、构筑人造鱼礁（巢）等措施进行生态恢复与补偿，得1分。

　　5　水上服务区具备接收船舶污染物的能力，生产生活产生的污染物应分类集中治理，得1分。

　　6　易产生粉尘及有害气体的作业区布置在城市常年主导风向的下风侧，与陆域装卸区集中布置，并与其他货种堆场隔离；对于易产生扬尘及有害气体的作业等采取综合污染防治措施，得1分。

　　7　工艺设计和设备选型符合现行国家标准《工业企业噪声控制设计规范》GB/T 50087的有关规定；超过噪声排放标准的设备和区域采取降噪措施，得1分。

　　8　陆域绿化满足国家现行相关标准的要求，优先种植乡土植物，采用少维护、耐候性强的植物，减少日常维护的费用，得0.5分。

　　9　电磁及射线防护及安全距离设置符合国家现行相关标准的规定，得0.5分。

　　　　　　Ⅲ　创新性评价

5.11.12　理念创新、体现人与自然和谐共生的可持续发展理念，评价分值为5分。

5.11.13 技术创新评价总分值为15分，应按下列规则评分并累计：

1 技术创新，设计过程中采取自主研发的新技术、新工艺、新流程、新材料、新装备、新产品等，得9分。

2 依托本工程取得的创新成果（课题、专利、专有技术、奖项、竞赛活动成果、国家示范试点、参编标准、期刊论文等），填补国内空白或接近国际水平，得6分。

Ⅳ 效 益 评 价

5.11.14 经济效益评价总分值为10分，应按下列规则评分并累计：

1 与同类同期工程相比较，在综合投资方面有显著改进并取得显著成效，重要经济技术指标处于领先水平，得5分。

2 推动实现可持续发展和共同繁荣，得5分。

5.11.15 社会效益评价总分值为10分，应按下列规则评分并累计：

1 与同类同期工程相比较，在资源节约、环境保护、生态融合等方面亮点突出，社会满意度较高，得5分。

2 对当地相关产业有辐射带动作用，对推动生态治理与战略性转型产业深度融合贡献巨大，得5分。

5.12 水 利 工 程

Ⅰ 先 进 性 评 价

5.12.1 水文设计评价总分值为3分，应按下列规则评分并累计：

1 气象、径流、洪水、泥沙等资料收集齐全、可靠，资料系列还原处理方法正确，得1分。

2 水文分析计算内容齐全，各设计成果的分析计算方法正确、成果合理，得1分。

3 水文自动测报系统的水文预报方案合理，站网范围及站点布设合理，得1分。

5.12.2 工程任务及规模设计评价总分值为3分，应按下列规则评分并累计：

1 贯彻综合利用的原则，项目的开发目标和任务定位准确，主次顺序明确，得1分。

2 工程总体布局的方案比选充分，调度运用原则和运行方式合理可行，得1分。

3 工程规模选择时，考虑的影响因素全面具体，主要参数论证充分，得1分。

5.12.3 工程地质设计评价总分值为4分，应按下列规则评分并累计：

1 区域构造的稳定性的评价准确、可靠，场地地震动参数的确定符合相关标准的规定，得1分。

2 可能潜在的崩塌、滑坡、泥石流等地质灾害的分布、规模、稳定性和对工程影响评价准确，针对主要不良地质缺陷提出的处理措施建议合理可行，得1分。

3 针对各建筑物的勘察布置及勘察方法合理，对水库区及各建筑物场址地质条件评价清楚，分析全面，得1分。

4 岩土物理力学参数和边坡开挖坡比等地质参数合理，确定依据可靠，得1分。

5.12.4 工程布置及建筑物设计评价总分值为9分，应按下列规则评分并累计：

1 确定的工程等别、主要建筑物级别、设计洪水标准、安全超高及建筑物安全设计标准合理，得1分。

2 各建筑物场（站）址、线路或轴线经多方案各专业综合比较确定，得1分。

3 各建筑物的形式选择经多方案各专业综合比较确定，得1分。

4 经方案比较后的工程总体布置合理，节地、节水、节材，设计思路和方法先进；建筑环境与景观与自然环境相协调，工程运行后便于检修与维护，得1分。

5 各建筑物水力设计边界条件清晰，计算方法合理，计算成果准确，得1分。

6 各建筑物整体稳定满足控制标准；布置、结构形式，控制高程，主要尺寸等设计参数选定合理、安全可靠、经济，得1分。

7 各建筑物基础处理及地质缺陷处理方案合理、可靠，得1分。

8 厂（泵）房、管理用房布置合理，利于自然通风、取暖；装饰装修美观大方；给水排水设计合理，得1分。

9 工程安全监测设计原则、总体设计方案恰当；选定的监测项目及监测断面合理、可靠，采用的监测方法适宜，得1分。

5.12.5 机电及金属结构设计评价总分值为6分，应按下列规则评分并累计：

1 水力机械主要设备形式、台数、主要参数经技术经济性能综合比较确定，得0.5分。

2 水力机械及其附属设备性能满足不同工况安全稳定运行要求，设备形式、容量、型号、控制高程等主要参数满足工程任务、安装、运行、维修的要求，得0.5分。

3 接入电力系统方式满足接入系统要求，工程供电满足工程用电要求；电气主接线兼顾考虑电力系统要求、电网情况、工程特点、总体布置等，得0.5分。

4 电动机组的启动方式及启动装置，高压配电装置形式选择合理；过电压保护设计方案、接地方案等选择合理，满足工程运行、维护和检修要求，得0.5分。

5 励磁系统方案合理；继电保护及安全自动装置设备、操作控制电源设备、通信系统设备配置合理，设备采用性价比高的设备的，得0.5分。

6 工程内部通信及对外通信方式满足工程调度管理要求，满足工程布置及特点；通信组网方式满足水文气象及水情测报对通信要求的，得0.5分。

7 采暖通风与空气调节设备布置方案满足不同房间对温度、湿度和风速的要求，其控制方式与防护分区和系统功能相吻合，得1分。

8 金属结构部分的闸门（含拦污栅）及启闭设备（含清污设备）的配备满足不同工况下主体建筑物运用要求；设备形式选择合理，运行安全可靠，得1分。

9 设备形式及技术参数选择合理，布置符合厂（站）区总体布置要求；满足安全生产、方便操作和防火的要求，得1分。

5.12.6 消防设计评价总分值为1分，应按下列规则评分并累计：

1 消防系统的布置合理，水量水压满足供水要求；系统容量及操作满足各工况下运行要求，得0.5分。

2 消防系统的合理性和先进性较高，设备形式及技术参数选择经济合理，得0.5分。

5.12.7 信息化技术评价总分值为4分，应按下列规则评分并累计：

1 工程信息化设计需求分析准确，总体及分项设计方案合理；网络信息安全防护设计针对性强，得1分。

2 采用先进的信息化技术，保障工程运行的安全和稳定，降低运行成本，实现关键生产环节先进控制；实现经营、管理和决策的智能优化，得1分。

3 运用BIM、CAE等先进的设计技术手段和软件，多专业协同设计，基于BIM进行多专业模型整合、碰撞检查、综合协调、性能模拟分析、工程量统计、施工图编制等应用，提高设计质量，建设绿色生态工程。设计模型与后续施工建造、运维管理等环节的BIM应用需求相协调，得2分。

Ⅱ 绿色性评价

5.12.8 节地与土地资源保护评价总分值为6分，应按下列规则评分并累计：

1 工程站（场）址及线路的选择遵循合理利用土地，切实保护耕地的原则，充分利用建设用地，优先选用荒地、劣地布线，避免大量征地拆迁；严格保护农用耕地、林地、水源地和自然保护区，得1分。

2 工程站（场）址及线路的选择、建筑物形式的选择，经方案比较，选择占用土地资源相对较少的布置方案的，得1分。

3 各建筑物优先集中布置；施工总布置紧凑、得当，临时施工场地布置与永久建筑物占地结合紧密，永久道路与临时施工道路实现永临结合的，得2分。

4 建筑物布置及形式选择时，在经济性相差不大的情况下，优先选用地下构筑物，管道敷设方式优先采用埋管的，得1分。

5 围堰及土石坝等土石材料结构、混凝土骨料等充分考虑了开挖渣料的利用，所选料源优先考虑水库淹没范围内材料的，得1分。

6 施工方法及施工设备优先考虑占地较省的方案的，得1分。

5.12.9 能源评价总分值为6分，应按下列规则评分并累计：

1 采取节能措施后，确定的建设项目建设期和运行期用能总量、用能品种及能耗指标符合建设项目的具体情况，并满足节能目标，达到行业行进水平的，得2分。

2 对工程的各类建筑物进行分类，针对不同类型建筑物提出的节能设计原则及能耗指标合理的，得1分。

3 机电及金属结构设备选用功耗低、能耗小、效率高的设备的，得1分。

4 合理地利用场地自然资源，合理应用高处水源及工程开挖料源，采用能耗低、效率高的施工设备，精细化施工管理的，得1分。

5 充分利用工程区自然条件，优先采用自然通风和天然采光；提高建筑围护结构的保温隔热性能，采用由高效保温材料制成的复合墙体和屋面及密封保温隔热性能好的门窗的，得1分。

5.12.10 水资源评价总分值为6分，应按下列规则评分并累计：

1 工程任务和规模定位合理，水资源分配按照"以供定需、总量控制、定额用水"的原则，实行计划用水、科学分配。切实做到适时供水、安全输水、科学调配水量，提高水资源的利用效率和生产效益的，得2分。

2 水资源平衡配置充分考虑了一水多用、中水及雨水回用、高效节水灌溉等措施的，得1分。

3 项目按照中央"先建机制、后建工程"的改革要求，以促进节水增效为目标，全面推行初始水权分配机制，建立科学合理的水价形成机制的，得1分。

4 施工期优先利用工程施工排水及收集雨水，水资源综合利用效率高的，得1分。

5 强化全民节水意识，采用节水系统、节水器具和设备提高用水效率的，得1分。

5.12.11 材料资源评价总分值为5分，应按下列规则评分并累计：

1 不使用国家禁止使用的建筑材料或建筑产品，得1分。

2 采用国家批准的推荐建筑材料或产品、高性能混凝土或高强度钢、高性能建筑制品或新技术、新材料的，得1分。

3 合理地利用工程开挖料作为建筑材料的，得1分。

4 在保证安全和不污染环境的情况下，可再循环材料使用量占所用相应建筑材料总量的10%以上，得1分。

5 使用的建筑材料和产品的性能参数与有害物质的限量应符合国家现行有关标准的规定，得1分。

5.12.12 环境安全评价总分值为7分，应按下列规则评分并累计：

1 工程站（场）址、线路选择应符合生态保护红线空间管控要求，尽量避让生态环境敏感区，无法避绕时必须出具生态环境保护方案，得1分。

2 环境影响评价过程介绍清楚，评价结论合理，环境保护对象明确，下泄生态流量满足要求，环境标准确定合理的，得1分。

3 所提出的各项环境保护措施合理，得3分，具体标准如下：

1） 所提出的各项环境保护及污染防治措施符合现行的国家、地方及有关行业规定及标准，得

0.5 分；

2）所提出的生态保护方案及措施符合国家及地方生态保护规划、可持续发展要求的，得 0.5 分；

3）所提出的水环境保护方案及措施符合流域水污染防治规划及水资源保护要求的，得 0.5 分；

4）所提出的土壤环境保护方案及措施符合国家及地方土地利用规划和环境保护要求的，得 0.5 分；

5）所提出的人群健康保护措施能够保障施工人员及项目区周边人群健康和安全的，得 0.5 分；

6）所提出的施工期环境保护措施符合安全、稳定、不产生二次污染的原则的，得 0.5 分。

4 各水土保持防治分区，水土保持措施合理，与主体工程设计协调，工程措施和植物措施符合地方实际，有较强的操作性的，得 1 分。

5 环境保护工程、水土保持工程与主体工程同时设计、同时施工、同时投产使用的，得 1 分。

Ⅲ 创新性评价

5.12.13 理念创新、体现人与自然和谐共生的可持续发展理念，评价分值为 5 分。

5.12.14 技术创新评价总分值为 15 分，应按下列规则评分并累计：

1 技术创新，设计过程中采取自主研发的新技术、新工艺、新流程、新材料、新装备、新产品等，得 9 分。

2 依托本工程取得的创新成果（课题、专利、专有技术、奖项、竞赛活动成果、国家示范试点、参编标准、期刊论文等），填补国内空白或接近国际水平，得 6 分。

Ⅳ 效益评价

5.12.15 经济效益评价总分值为 10 分，应按下列规则评分并累计：

1 与同类同期工程相比较，在综合投资方面有显著改进并取得显著成效，重要经济技术指标处于领先水平，得 5 分。

2 推动实现可持续发展和共同繁荣，得 5 分。

5.12.16 社会效益评价总分值为 10 分，应按下列规则评分并累计：

1 与同类同期工程相比较，在资源节约、环境保护、生态融合等方面亮点突出，社会满意度较高，得 5 分。

2 对当地相关产业有辐射带动作用，对推动生态治理与战略性转型产业深度融合贡献巨大，得 5 分。

5.13 信息通信设备与线路工程

Ⅰ 先进性评价

5.13.1 核心网工程设计评价总分值为 5 分，应按下列规则评分并累计：

1 设计水平先进，达到或接近国际先进水平并在国内领先，得 2 分。

2 技术复杂，形成成果难度大，项目的复杂程度高，得 1 分。

3 概（预）算和竣工决算差别在 5% 范围内，准确率高，得 1 分。

4 用户对成果非常满意，评价高，得 1 分。

5.13.2 无线网工程设计评价总分值为 9 分，应按下列规则评分并累计：

1 设计水平先进，达到或接近国际先进水平并在国内领先，得 2 分。

2 技术复杂，形成成果难度大，项目的复杂程度高，得 2 分。

3 方案优化水平高，站址选择合理，总体规划好，得 2 分。

4 概（预）算和竣工决算差别在 5% 范围内，准确率高，得 2 分。

5 用户对成果非常满意，评价高，得 1 分。

5.13.3 数据工程设计评价总分值为5分，应按下列规则评分并累计：
 1 设计水平先进，达到或接近国际先进水平并在国内领先，得2分。
 2 技术复杂，形成成果难度大，项目的复杂程度高，得1分。
 3 概(预)算和竣工决算差别在5%范围内，准确率高，得1分。
 4 用户对成果非常满意，评价高，得1分。

5.13.4 传输设备工程设计评价总分值为5分，应按下列规则评分并累计：
 1 设计水平先进，达到或接近国际先进水平并在国内领先，得2分。
 2 技术复杂，形成成果难度大，项目的复杂程度高，得1分。
 3 概(预)算和竣工决算差别在5%范围内，准确率高，得1分。
 4 用户对成果非常满意，评价高，得1分。

5.13.5 线路工程设计评价总分值为6分，应按下列规则评分并累计：
 1 设计水平先进，达到或接近国际先进水平并在国内领先，得2分。
 2 技术复杂，形成成果难度大，项目的复杂程度高，得1分。
 3 方案优化水平高，障碍处理/线路防护考虑充分、经济、可靠，得1分。
 4 概(预)算和竣工决算差别在5%范围内，准确率高，得1分。
 5 用户对成果非常满意，评价高，得1分。

Ⅱ 绿色性评价

5.13.6 节地与室外环境评价总分值为6分，应按下列规则评分并累计：
 1 选址符合所在地的城乡规划，并且避开地质灾害严重地段和多发区，得1分。
 2 工程用地或局站优先利用已开发的土地、废弃场地、原有建筑；有电、水、气、排水、排污等方面的保障，尤其保障电力容量、电力供应的安全可靠，得1分。
 3 尽量减少土石方工程量，充分利用原有植被，得1分。
 4 采用合理的容积率，以及通过合理的场地设计采用较高的容积率和更高的绿地率，得1分。
 5 在满足工程或局站基本功能和安全的前提下，合理利用地下空间，得1分。
 6 工程避免产生光污染、环境噪声并符合国家现行相关标准的规定，采取措施提高建筑屋面的太阳反射系数、合理设计绿色雨水基础设施、合理选择绿化方式和绿化植物，得1分。

5.13.7 能源评价总分值为6分，应按下列规则评分并累计：
 1 开展综合经济技术分析以确定合理的建设区域，并且根据所在地气候条件，充分利用自然冷源技术，得2分。
 2 采用节能降耗设备，得1分。
 3 采用符合国家标准的节能技术和绿色产品，得1分。
 4 合理利用新能源发电。例如风能、太阳能，得1分。
 5 有效回收空调系统排热，从而满足其他区域用热，节约能源，得1分。

5.13.8 水资源评价总分值为6分，应按下列规则评分并累计：
 1 根据所在地的水资源状况，因地制宜地制定用水节水方案，保证方案的经济性和可实施性，得2分。
 2 合理设计用水节水系统，提高用水效率，得2分。
 3 使用节水技术与措施，得2分。

5.13.9 材料资源评价总分值为6分，应按下列规则评分并累计：
 1 采用高性能、低材耗、耐久性好的新型建筑体系，得2分。
 2 使用绿色建材，减少建材在全寿命周期中的能源消耗，得2分。
 3 节约建材。尽量不采用纯装饰性构件，得2分。

5.13.10 环境安全评价总分值为6分，应按下列规则评分并累计：

1 符合受到国家法律法规保护、划定有明确的保护范围、制定相应保护措施的各类保护区的建设控制要求；保护场地内原有的自然水域、湿地、植被等，保持场地内的生态系统与场地外生态系统的连贯性，得2分。

2 对可听噪声、电磁影响、排污等的控制与防治措施到位，符合国家现行相关标准的规定，得2分。

3 通信线路建设方式应与环境相适应。路由选择应考虑建设地域内的文物保护、环境保护等事宜；减少对原有水系及地面形态的扰动和破坏，维护原有景观；在有永久冻土层的地区施工时不得扰动永久冻土，得2分。

Ⅲ 创新性评价

5.13.11 理念创新、体现人与自然和谐共生的可持续发展理念，评价分值为5分。

5.13.12 技术创新评价总分值为15分，应按下列规则评分并累计：

1 技术创新，设计过程中采取自主研发的新技术、新工艺、新流程、新材料、新装备、新产品等，得9分。

2 依托本工程取得的创新成果（课题、专利、专有技术、奖项、竞赛活动成果、国家示范试点、参编标准、期刊论文等），填补国内空白或接近国际水平，得6分。

Ⅳ 效益评价

5.13.13 经济效益评价总分值为10分，应按下列规则评分并累计：

1 与同类同期工程相比较，在综合投资方面有显著改进并取得显著成效，重要经济技术指标处于领先水平，得5分。

2 推动实现可持续发展和共同繁荣，得5分。

5.13.14 社会效益评价总分值为10分，应按下列规则评分并累计：

1 与同类同期工程相比较，在资源节约、环境保护、生态融合等方面亮点突出，社会满意度较高，得5分。

2 对当地相关产业有辐射带动作用，对推动生态治理与战略性转型产业深度融合贡献巨大，得5分。

5.14 信息通信建筑与电源工程

Ⅰ 先进性评价

5.14.1 建筑设计评价总分值为6分，应按下列规则评分并累计：

1 应根据用地规模、业务需求、外市电容量、规划要求、工艺要求、自然条件、市政条件等因素确定合适的建设规模并合理设置总图布局，得1.5分。

2 场地内室外管线应总体统筹规划，分期实施。各分期界面处应留有前后期衔接的便利性，得1.5分。

3 平面布局和剖面层高满足工艺及新技术发展的要求，充分考虑设备安装及维护方便，并为远期新技术新工艺的要求和调整创造条件，适用性高，得1.5分。

4 造型和外立面设计简洁、大方、适用，与周围环境协调，得1.5分。

5.14.2 结构设计评价总分值为4分，应按下列规则评分并累计：

1 在满足工艺要求的前提下，注重概念设计，得1分。

2 推广应用适用的结构新材料、新技术，并获得显著经济、社会或环境效益，得2分。

3 有特殊要求的项目，采用技术含量高的处理措施，实际效果良好，得1分。

5.14.3 给水排水设计评价总分值为2分，应按下列规则评分并累计：

1 采用正确的技术措施，在节能、环保、消防安全的某一方面取得显著成效，得 1 分。

2 技术复杂、难度大的工程，经精心设计取得明显的经济、社会或环境效益，得 1 分。

5.14.4 暖通设计评价总分值为 4 分，应按下列规则评分并累计：

1 系统方案规划、设计、冗余配置等符合国家现行相关标准的规定，安全可靠，得 1 分。

2 具备良好的扩展性，满足数据中心或通信建筑扩容需求，得 1 分。

3 结合地理气候特点，适应不同用户需求，得 1 分。

4 系统设计成熟，产品应用广泛，保证设备稳定运行，得 0.5 分。

5 系统便于维护、设备检修更换等，同时不影响现有系统的正常运行，得 0.5 分。

5.14.5 电气设计评价总分值为 4 分，应按下列规则评分并累计：

1 充分理解和满足通信工艺要求，供配电方案满足机房建设安全可靠性等要求，便利与工艺设计的衔接，得 1 分。

2 技术方案合理，投资运行经济，采用高效节能型适用产品，效果显著，得 1 分。

3 重点技术措施要采用先进适用性方案或技术措施，满足工程特点要求，且技术方面具有优越性，得 1 分。

4 对使用功能特殊、技术上具有难点的重点复杂工程，经过精心设计，克服困难取得优良效果，得 0.5 分。

5 智能化系统各子系统设计应具有技术先进、经济合理、实用可靠，能提供有效的信息服务；应具有开发性、灵活性、可扩性、实用性和安全性，得 0.5 分。

5.14.6 电源设计评价总分值为 4 分，应按下列规则评分并累计：

1 电源拓扑结构合适、合理，设备选型可靠、高效、环保，电源系统可用性高，得 2 分。

2 积极采用成熟的先进技术，采用适合的新材料、新技术，符合工程具体特点，取得明显成效，得 1 分。

3 设计成果具有推广应用的价值，得 1 分。

5.14.7 概预算准确度评价总分值为 4 分，应按下列规则评分：

概（预）算和竣工决算差别在 5% 范围内，准确率高。

5.14.8 BIM 设计评价总分值为 2 分，应按下列规则评分：

采用 BIM 技术，提升设计信息化水平，提高信息应用效率和效益。

Ⅱ 绿色性评价

5.14.9 节地与室外环境评价总分值为 6 分，应按下列规则评分并累计：

1 项目选址符合所在地城乡规划，且应符合各类保护区、文物古迹保护的建设控制要求。场地内无洪涝、滑坡等自然灾害隐患、无危险化学品、易燃易爆危险源，得 1 分。

2 节约、集约利用土地，建筑容积率符合相应规定，合理开发利用地下空间，场地内合理设置绿化用地，利用园林绿化和建筑外部设计以减少热岛效应，得 1 分。

3 建筑布局有利于形成良好的风环境，有利于室外行走、活动舒适、建筑形成有组织通风和设备散热，得 1 分。

4 减少建筑产生的废水、废气、废物的排放；采用措施降低热岛强度；减少建筑外立面和室外照明引起的光污染；场地内风环境噪声符合相关标准；建筑规划布局不影响周围建筑满足日照要求，得 1 分。

5 场地具备与通信机房相适应的市政基础条件，电力、通信、水源稳定可靠，交通便捷，得 1 分。

6 结合现状地形地貌进行场地设计与建筑布局，保护场地内原有自然水域、湿地和植被，采取表层土利用等生态补偿措施，得 0.5 分。

7 充分利用场地空间合理设置绿色雨水基础设施，对大于 $10hm^2$ 的场地进行雨水专项规划设计，得 0.5 分。

5.14.10 能源评价总分值为 10 分，应按下列规则评分并累计：

  1 项目符合国家现行有关建筑节能设计标准的规定，得 1 分。

  2 不采用电直接加热设备作为供暖空调系统的供热热源和空气加湿热源，得 1 分。

  3 冷热源、输配系统和照明灯各部分能耗进行独立分项计量，得 1 分。

  4 利用场地自然条件，对建筑的体形、朝向、间距、窗墙比等进行优化设计；合理选用外围护结构，对热工性能应根据全年动态能耗分项情况确定最优值，得 1 分。

  5 对于合适的气候区，项目充分利用自然冷源，降低空调能耗，得 1 分。

  6 根据通信建筑或数据中心使用规划和运行负荷变化可能性，制冷空调系统在系统分区、设备选择、运行控制等方面有部分负荷运行方案，得 1 分。

  7 合理采用蓄冷系统，得 1 分。

  8 有供暖需求时，设计能量综合利用方案，回收排热作为热源，得 1 分。

  9 在经济指标合理的前提下，积极使用新能源，得 1 分。

  10 合理配置应急电源，得 0.5 分。

  11 数据中心 PUE 值不大于 1.4，得 0.5 分。

5.14.11 水资源评价总分值为 4 分，应按下列规则评分并累计：

  1 根据当地水资源状况，因地制宜制定水资源规划方案，统筹、综合利用各种水资源，得 1 分。

  2 采取有效措施避免管网漏损，给水系统无超压出流现象，按用途设置水表，得 1 分。

  3 使用较高用水效率等级的卫生器具，采用节水灌溉方式，空调设备或系统采用节水冷却技术，得 1 分。

  4 合理使用非传统水源，得 1 分。

5.14.12 材料资源评价总分值为 5 分，应按下列规则评分并累计：

  1 选用本地生产的建筑材料，采用预拌混凝土、预拌砂浆；合理使用高强、高耐久性及可再利用和再循环的建筑结构材料，得 2.5 分。

  2 采用工业化生产的成品，减少现场作业，得 2.5 分。

5.14.13 环境安全评价总分值为 5 分，应按下列规则评分并累计：

  1 通信机房、数据中心的温度、相对湿度、空气含尘浓度、噪声、空气隔声、照度、磁场干扰环境场强、绝缘体静电电位等符合国家现行相关标准的规定，得 2 分。

  2 大气污染物、水污染物排放符合国家现行相关标准的规定，并满足国家排污许可要求；固体废物的储存和处置应符合相关标准的规定；在分类收集和处理固体废物的过程中采取无二次污染的预防措施，得 2 分。

  3 环境噪声符合国家现行相关标准的规定，得 1 分。

Ⅲ 创新性评价

5.14.14 理念创新、体现人与自然和谐共生的可持续发展理念，评价分值为 5 分。

5.14.15 技术创新评价总分值为 15 分，应按下列规则评分并累计：

  1 技术创新，设计过程中采取自主研发的新技术、新工艺、新流程、新材料、新装备、新产品等，得 9 分。

  2 依托本工程取得的创新成果（课题、专利、专有技术、奖项、竞赛活动成果、国家示范试点、参编标准、期刊论文等），填补国内空白或接近国际水平，得 6 分。

Ⅳ 效益评价

5.14.16 经济效益评价总分值为 10 分，应按下列规则评分并累计：

1 与同类同期工程相比较,在综合投资方面有显著改进并取得显著成效,重要经济技术指标处于领先水平,得5分。

　　2 推动实现可持续发展和共同繁荣,得5分。

5.14.17 社会效益评价总分值为10分,应按下列规则评分并累计:

　　1 与同类同期工程相比较,在资源节约、环境保护、生态融合等方面亮点突出,社会满意度较高,得5分。

　　2 对当地相关产业有辐射带动作用,对推动生态治理与战略性转型产业深度融合贡献巨大,得5分。

5.15 道 路 工 程

Ⅰ 先进性评价

5.15.1 总体设计评价总分值为8分,应按下列规则评分并累计:

　　1 采用先进技术或重大革新措施,选用合适的道路敷设形式或新的计算或施工工法等;与同类型工程相比有显著改进和提高,达到了国际水平或国内先进水平,得2分。

　　2 积极应用新技术、新材料、新工艺和新设备,在推动产业技术升级、提高建设工程质量、节约资源、保护和改善环境等方面有显著效果,如积极应用预制拼装技术、绿色生态技术、智能信息技术、智慧设施应用等,得2分。

　　3 经多方案比较,总体方案布置合理或因地制宜,功能定位恰当,建设规模合适;对降低造价、节约三材、减少用地、减少土方量等有显著成效;符合安全、环保、可持续发展的要求,得2分。

　　4 对于内容复杂,技术难度高的项目,结合沿线建设条件和控制因素,能精心设计,妥善处理,落实风险控制措施,取得明显效果,得2分。

5.15.2 路线设计评价总分值为4分,应按下列规则评分并累计:

　　1 路线设计符合城市路网规划,与沿线用地规划相协调;充分考虑与相邻工程衔接、近远期结合和提升改造要求,得1分。

　　2 合理确定路线走向和线形技术指标,平面顺适、纵断面均衡、横断面合理,得1分。

　　3 能妥善处理道路与桥梁、隧道、轨道交通、地下管线、地下空间、综合管廊、绿化景观、城市布局等关系,通过精细化布局和巧妙构思,取得显著效果,得1分。

　　4 充分考虑以人为本、公交优先的发展理念,交通组织设计合理,慢行交通连续,无障碍设施齐全,得1分。

5.15.3 路基路面设计评价总分值为4分,应按下列规则评分并累计:

　　1 路基路面设计能满足道路功能、技术等级、交通荷载和耐久性要求;结合沿线地形、地质、水文、气候、路用材料、环境要求等方面取得明显成效,得2分。

　　2 推广使用节能降耗、截污减排路面设计,采用路面材料再生利用技术方面有显著成效,并获得显著经济、社会或环境效益,得1分。

　　3 改扩建工程、大修工程能充分利用既有工程的残值,得1分。

5.15.4 附属工程设计评价总分值为4分,应按下列规则评分并累计:

　　1 排水设施、路灯照明、道路绿化、交通安全和管理设施等附属工程设计符合道路总体设计要求;配套齐全、功能完善,与主体结构和周边环境、历史风貌相协调,满足道路安全使用要求,得2分。

　　2 推广应用适用的结构、新材料、新理论方面有显著作用,并获得显著经济、社会或环境效益,得1分。

　　3 推广使用先进适用的节能技术措施、节能产品,在节能环保、低养护成本方面效果显著,得1分。

5.15.5 信息化技术评价总分值为5分,应按下列规则评分并累计:

1 应用BIM技术进行多专业协同设计，基于BIM进行多专业模型整合、碰撞检查、综合协调、性能模拟分析、工程量统计、施工图编制等应用，得2.5分。

2 设计模型与后续施工建造、运维管理等环节的BIM应用需求相协调，得2.5分。

5.15.6 技术经济设计评价总分值为5分，应按下列规则评分：

与同类型工程比较，技术经济指标达到国内先进水平。无因设计原因产生的较大变更。

Ⅱ 绿色性评价

5.15.7 节地与土地资源保护评价总分值为6分，应按下列规则评分并累计：

1 道路建设不侵占基本农田和生态保护红线，并应避开泥石流、滑坡、崩塌、地面沉降、塌陷、地震断裂活动带等自然灾害易发区；对自然灾害有充分的抵御能力，得2分。

2 道路工程强调土地的集约化利用，与规划用地统筹，高效利用土地，如：立交用地紧凑、与其他设施共用走廊带或复合化利用、合理开发道路地下空间、建设综合管廊等，得1分。

3 采用雨水回渗、透水铺装、下沉式绿地等海绵城市措施，维持土壤水生态系统的平衡，得1分。

4 优先种植乡土植物，采用少维护、耐候性强的植物，减少日常维护的费用；采用生态绿地、墙体绿化、屋顶绿化等多样化的绿化方式，构成多层次的复合生态结构，达到人工配置的植物群落自然和谐，并起到遮阳、降低能耗的作用；绿地配置合理，达到局部环境内保持水土、调节气候、降低污染和隔绝噪声的目的，得1分。

5 充分注重公共交通、步行交通和自行车交通的使用，满足绿色出行要求，得1分。

5.15.8 能源评价总分值为6分，应按下列规则评分并累计：

1 隧道或地道工程设施充分利用自然通风和天然采光，减少能源消耗，得1.5分。

2 道路纵断面设计减少车辆的能源消耗，选用降低能耗的路面材料，得1.5分。

3 充分利用原状土及渣土就地利用；原有路面材料再生利用；建筑垃圾的综合利用等，减少外运和对环境的污染，得1.5分。

4 电气、交通监控系统（包括道路路灯、监控中心大屏幕、可变情报板等）的设计考虑节能措施，采用节能型产品，得1.5分。

5.15.9 水资源评价总分值为6分，应按下列规则评分并累计：

1 提高用水效率：按高质高用、低质低用的原则，生活用水、景观用水和绿化用水等按用水水质要求分别提供、梯级处理回用；采用节水系统、节水器具和设备；采用节水的景观和绿化浇灌设计，如景观用水不使用市政自来水，尽量利用河湖水、收集的雨水或再生水，绿化浇灌采用微灌、滴灌等节水措施，得3分。

2 雨水、污水综合利用：采用雨水、污水分流系统，有利于污水处理和雨水的回收再利用，得3分。

5.15.10 材料资源评价总分值为6分，应按下列规则评分并累计：

1 采用高性能、低材耗、耐久性好的新型结构体系，得1.5分。

2 使用绿色建材：选用高性能、高耐久性和本地建材，减少建材在全寿命周期中的能源消耗；选用可降解、对环境污染少的建材；使用原料消耗量少和采用废弃物生产的建材；使用可节能的功能性建材；选用可循环、可回用和可再生的建材，得1.5分。

3 采用工业化生产的成品，减少现场作业；遵循模数协调原则，减少施工废料；减少不可再生资源的使用。采用工业化生产的预制构件，预制构件的设计做到标准化，得1.5分。

4 总体布置、结构设计合理，避免采用大量装饰性构件，得1.5分。

5.15.11 环境安全评价总分值为6分，应按下列规则评分并累计：

1 满足对文物、古树名木、水源地等自然生态环境的保护要求；注重道路与自然生态环境的协调，避免建筑行为造成水土流失或其他灾害，得1.5分。

2 建筑活动对环境的负面影响应控制在国家现行相关标准规定的允许范围内；道路噪声应符合现行国家标准的规定；噪声对周边居民可能造成影响时，应采取隔声、降噪等措施；并减少道路照明引起的光污染，采用尾气吸收等环保措施；减少建筑产生的废水、废气、废物的排放，得1.5分。

3 合理规划雨水径流，对桥面径流进行收集，引入地面排水系统，避免桥面雨水直接落入桥下水系，得1.5分。

4 可再生能源的使用不应造成对环境和原生态系统的破坏以及对自然资源的污染，得1.5分。

Ⅲ 创新性评价

5.15.12 理念创新、体现人与自然和谐共生的可持续发展理念，评价分值为5分。

5.15.13 技术创新评价总分值为15分，应按下列规则评分并累计：

1 技术创新，设计过程中采取自主研发的新技术、新工艺、新流程、新材料、新装备、新产品等，得9分。

2 依托本工程取得的创新成果（课题、专利、专有技术、奖项、竞赛活动成果、国家示范试点、参编标准、期刊论文等），填补国内空白或接近国际水平，得6分。

Ⅳ 效益评价

5.15.14 经济效益评价总分值为10分，应按下列规则评分并累计：

1 与同类同期工程相比较，在综合投资方面有显著改进并取得显著成效，重要经济技术指标处于领先水平，得5分。

2 推动实现可持续发展和共同繁荣，得5分。

5.15.15 社会效益评价总分值为10分，应按下列规则评分并累计：

1 与同类同期工程相比较，在资源节约、环境保护、生态融合等方面亮点突出，社会满意度较高，得5分。

2 对当地相关产业有辐射带动作用，对推动生态治理与战略性转型产业深度融合贡献巨大，得5分。

5.16 桥梁工程

Ⅰ 先进性评价

5.16.1 总体设计评价总分值为5分，应按下列规则评分并累计：

1 桥位选择合理，从地形、工程地质、河道、通航、河势及防洪影响、城镇规划、环境影响、与路网的衔接、工程规模、造价等方面综合分析，进行方案比选。经多方案比较，达到了整体布局合理或因地制宜，对降低造价、节约三材、减少用地、减少土方量等有显著成效，得2分。

2 采用先进技术或重大革新措施，与同类型工程相比有显著改进和提高。成功地采用新的结构形式或新的计算和施工方法等，达到了国际水平或国内先进水平，得2分。

3 对于内容复杂，技术难度高的项目，能精心设计，妥善处理，取得明显效果。桥梁处于复杂地质条件、布跨和结构高度受限、施工条件受限等情况时，通过精细化设计和巧妙构思，取得明显效果，得1分。

5.16.2 结构设计评价总分值为5分，应按下列规则评分并累计：

1 结合桥梁的地质条件、交通功能、抗震设防烈度、施工工艺等，对桥梁结构进行优化设计；在地基基础方案、结构体系、构件选型、抗震措施等方面得到优化，得2.5分。

2 积极应用新技术、新材料、新工艺和新设备，如预制装配技术、高性能混凝土、高强度钢材等；在推动产业技术升级、提高建设工程质量、节约资源、保护和改善环境等方面有显著效果，得2.5分。

5.16.3 附属工程设计评价总分值为5分，应按下列规则评分并累计：

1 桥梁铺装、伸缩缝、桥面防水排水、照明、交通标志、防撞设施、防雷接地装置等设计完善，与主体结构相协调，得 2 分。

2 推广应用适用的结构、新材料、新理论方面有显著作用，得 2 分。

3 推广使用先进适用的节能技术措施、节能产品，效果显著，得 1 分。

5.16.4 耐久性设计评价总分值为 5 分，应按下列规则评分并累计：

1 根据结构所处的环境类别进行科学、合理的耐久性设计，使建筑材料在设计使用年限内正常发挥作用，得 2.5 分。

2 养护通道、检修设施设计完善，满足可到达、可检查、可维修和可更换的要求；对可能更换的构件，制定更换预案，得 2.5 分。

5.16.5 信息化技术评价总分值为 5 分，应按下列规则评分并累计：

1 应用 BIM 技术进行多专业协同设计，基于 BIM 进行多专业模型整合、碰撞检查、综合协调、性能模拟分析、工程量统计、施工图编制等应用，得 2.5 分。

2 设计模型与后续施工建造、运维管理等环节的 BIM 应用需求相协调，得 2.5 分。

5.16.6 技术经济设计评价总分值为 5 分，应按下列规则评分：

与同类型工程比较，技术经济指标达到了国内先进水平。无因设计原因产生的较大变更。

Ⅱ 绿色性评价

5.16.7 节地与土地资源保护评价总分值为 6 分，应按下列规则评分并累计：

1 建筑场地优先选用已开发且具城市改造潜力的用地；场地环境应安全可靠，远离污染源，并对自然灾害有充分的抵御能力，得 1.5 分。

2 建筑用地适度密集，强调土地的集约化利用，充分利用周边的配套公共建筑设施，合理规划用地，高效利用土地，得 1.5 分。

3 场地内环境噪声符合现行国家标准的规定；噪声对周边居民可能造成影响时，采取隔声措施。采取降噪、隔声、尾气吸收等环保措施，减少对周边环境敏感点的影响，并减少道路照明引起的光污染，得 1.5 分。

4 合理交通组织设计，减少人车干扰，满足绿色出行要求，得 1.5 分。

5.16.8 能源评价总分值为 6 分，应按下列规则评分并累计：

1 采用高效供能、用能系统和设备；针对不同能源结构，实现能源梯级利用，得 1.5 分。

2 纵断面设计为减少车辆的能源消耗，选用降低能耗的路面材料，得 1.5 分。

3 原状土及渣土就地利用；原有路面材料再生利用；建筑垃圾的综合利用等，得 1.5 分。

4 电气、交通监控系统（包括道路路灯、监控中心大屏幕、可变情报板等）的设计考虑节能措施，采用节能型产品，得 1.5 分。

5.16.9 水资源评价总分值为 6 分，应按下列规则评分并累计：

1 提高用水效率：按高质高用、低质低用的原则，生活用水、景观用水和绿化用水等按用水水质要求分别提供、梯级处理回用；采用节水系统、节水器具和设备；采用节水的景观和绿化浇灌设计，如景观用水不使用市政自来水，尽量利用河湖水、收集的雨水或再生水，绿化浇灌采用微灌、滴灌等节水措施，得 3 分。

2 雨水、污水综合利用：采用雨水、污水分流系统，优化污水处理和雨水的回收再利用，得 3 分。

5.16.10 材料资源评价总分值为 6 分，应按下列规则评分并累计：

1 采用高性能、低材耗、耐久性好的新型结构体系；选用可循环、可回用和可再生的建材，得 1.5 分。

2 使用绿色建材：选用高性能、高耐久性和本地建材，减少建材在全生命周期中的能源消耗；选用可降解、对环境污染少的建材；使用原料消耗量少和采用废弃物生产的建材；使用可节能的功能性建材，得 1.5 分。

3 采用工业化生产的成品，减少现场作业；遵循模数协调原则，减少施工废料；减少不可再生资源的使用。采用工业化生产的预制构件，预制构件的设计做到标准化，得 1.5 分。

4 桥梁总体布置、结构设计合理，避免采用大量装饰性构件。布跨以通航、防洪、环保等要求为基础，布跨合理。桥型方案受力合理、造型美观、技术先进可靠、经济合理、施工便利、使用安全耐久、养护方便，得 1.5 分。

5.16.11 环境安全评价总分值为 6 分，应按下列规则评分并累计：

1 保护自然生态环境，注重桥梁与自然生态环境的协调；避免建筑行为造成水土流失或其他灾害，得 1.5 分。

2 建筑活动对环境的负面影响应控制在国家现行相关标准规定的允许范围内；减少建筑产生的废水、废气、废物的排放，得 1.5 分。

3 合理规划雨水径流，对桥面径流进行收集，引入地面排水系统，避免桥面雨水直接落入桥下水系，得 1.5 分。

4 可再生能源的使用不应造成对环境和原生态系统的破坏以及对自然资源的污染，得 1.5 分。

Ⅲ 创新性评价

5.16.12 理念创新、体现人与自然和谐共生的可持续发展理念，评价分值为 5 分。

5.16.13 技术创新评价总分值为 15 分，应按下列规则评分并累计：

1 技术创新，设计过程中采取自主研发的新技术、新工艺、新流程、新材料、新装备、新产品等，得 9 分。

2 依托本工程取得的创新成果（课题、专利、专有技术、奖项、竞赛活动成果、国家示范试点、参编标准、期刊论文等），填补国内空白或接近国际水平，得 6 分。

Ⅳ 效 益 评 价

5.16.14 经济效益评价总分值为 10 分，应按下列规则评分并累计：

1 与同类同期工程相比较，在综合投资方面有显著改进并取得显著成效，重要经济技术指标处于领先水平，得 5 分。

2 推动实现可持续发展和共同繁荣，得 5 分。

5.16.15 社会效益评价总分值为 10 分，应按下列规则评分并累计：

1 与同类同期工程相比较，在资源节约、环境保护、生态融合等方面亮点突出，社会满意度较高，得 5 分。

2 对当地相关产业有辐射带动作用，对推动生态治理与战略性转型产业深度融合贡献巨大，得 5 分。

5.17 给水排水工程

Ⅰ 先进性评价

5.17.1 总体设计评价总分值为 5 分，应按下列规则评分并累计：

1 工程方案科学、合理、经济、可行；经讨综合技术经济比较，符合城市规划，因地制宜、系统谋划的要求，得 2 分。

2 取水工程、净（污）水厂、泵站和管线（网）工程系统布局合理，从城镇规划、水源条件、地形地貌、能耗分析和工程投资等方面综合分析，进行方案比选。经多方案比较，达到了整体布局合理或因地制宜；对降低造价、节约三材、减少用地、减少土方量等有显著成效，得 1 分。

3 采用先进技术或重大革新措施，与同类型工程相比有显著改进和提高。成功地采用新的处理工艺、科研成果等，达到了国际水平或国内先进水平，得1分。

4 对于内容复杂，技术难度高的项目，能精心设计和巧妙构思，妥善处理，取得明显效果，得1分。

5.17.2 工艺设计评价总分值为5分，应按下列规则评分并累计：

1 采用先进技术、重大革新措施或新的设计手段，与同类型工程相比有显著改进和提高，达到了国际水平或国内领先水平。对于关键节点，技术难度高的，能有所突破，取得明显效果，得2分。

2 结合现场情况、原水水质和出水目标等，对净（污）水处理工艺及给（污）水管线走向进行优化设计；在系统布局和场站布置等方面得到优化，得2分。

3 积极应用新技术、新材料、新工艺和新设备，如高性能混凝土、高强度钢材等，在推动产业技术升级、提高建设工程质量、节约资源、保护和改善环境等方面有显著效果，得1分。

5.17.3 结构设计评价总分值为4分，应按下列规则评分并累计：

1 推广应用适用的新工艺、新材料、新理论方面有显著作用并获得显著经济、社会或环境效益，得2分。

2 推广使用先进适用的节能技术措施、节能产品，效果显著，得1分。

3 结合构筑物的地质条件、使用功能、抗震设防烈度等，对建（构）筑物结构布置进行优化设计；在地基基础方案、结构体系、抗震措施等方面进行优化，得1分。

5.17.4 电气设计评价总分值为4分，应按下列规则评分：

电气系统设计安全可靠、技术先进且经济合理，合理运用电气节能措施和信息化手段，有效提高电能质量和效能。

5.17.5 信息化技术评价总分值为4分，应按下列规则评分并累计：

1 采用先进的信息化技术，保障运行的安全和稳定，降低运行成本，实现关键生产环节，采用先进控制技术；实现经营、管理和决策的智能优化，得2分。

2 运用BIM、CFD等先进的设计技术手段和软件，多专业协同设计，基于BIM进行多专业模型整合、碰撞检查、综合协调、性能模拟分析、工程量统计、施工图编制等应用，提高设计质量，建设绿色生态工程。设计模型与后续施工建造、运维管理等环节的BIM应用需求相协调，得2分。

5.17.6 技术经济设计评价总分值为4分，应按下列规则评分：

与同类型工程比较，技术经济指标达到了国内先进水平。无因设计原因产生的较大变更。

5.17.7 智慧管理设计评价总分值为4分，应按下列规则评分：

对于有智慧管理要求的市政工程，仪表及计算机监控系统设计满足运行维护管理、信息化应用的需求，实现智能控制、智慧管理；安全技术防范措施符合当地相关部门的要求。

Ⅱ 绿色性评价

5.17.8 节地与土地资源保护评价总分值为6分，应按下列规则评分并累计：

1 建筑场地优先选用已开发且具城市改造潜力的用地；场地环境应安全可靠，远离污染源，并对自然灾害有充分的抵御能力，得1分。

2 建筑用地适度密集，强调土地的集约化利用，充分利用周边的配套公共建筑设施，合理规划用地，高效利用土地。高效利用土地，如：开发利用地下空间、采用新型结构体系与高强轻质结构材料、提高建筑空间的使用率，得1分。

3 场地内环境噪声符合现行国家标准的规定；噪声对周边居民可能造成影响时，采取隔声措施。减少建筑外立面和室外照明引起的光污染。采取降噪、隔声、尾气吸收等环保措施，减少对周边环境敏感点的影响，并减少道路照明引起的光污染，得1分。

4 采用雨水回渗等海绵城市措施，净（污）水厂和泵站的设计体现"海绵厂站"的要求，维持土壤水生态系统的平衡，得1分。

5 优先种植乡土植物，采用少维护、耐候性强的植物，减少日常维护的费用；采用生态绿地、墙体绿化、屋顶绿化等多样化的绿化方式，构成多层次的复合生态结构，达到人工配置的植物群落自然和谐，并起到遮阳、降低能耗的作用；绿地配置合理，达到局部环境内保持水土、调节气候、降低污染和隔绝噪声的目的，得1分。

6 充分利用公共交通网络；合理组织交通，减少人车干扰，满足绿色出行要求；地面停车场采用透水地面，并结合绿化为车辆遮阴，得1分。

5.17.9 能源评价总分值为6分，应按下列规则评分并累计：

1 选用工艺先进，主要设备高效节能，实现全生命周期最优。能耗指标低于行业平均水平，得1分。

2 采用节能高效的供水设施和电气设备，使设备在高效区工作；根据用能负荷动态变化，采用合理的调控措施。综合单位电耗优于行业标准，得1分。

3 通过合理的系统设计和节能措施，多方位减少能耗，并采用先进的信息化手段，实现系统能耗的有效管理，得1分。

4 优化用能系统，采用能源回收技术；考虑部分空间、部分负荷下运营时的节能措施；针对不同能源结构，实现能源梯级利用，得1分。

5 合理使用可再生能源；开发利用可再生能源，包括自然环境的能量和排水系统自身的能量，得1分。

6 电气、交通监控系统（包括道路路灯、监控中心大屏幕、可变情报板等）的设计考虑节能措施，采用节能型产品，得1分。

5.17.10 水资源评价总分值为6分，应按下列规则评分并累计：

1 根据当地水资源状况，因地制宜地制定节水规划方案，如中水、雨水回用等，保证方案的经济性和可实施性，得1.5分。

2 给水排水工程中，管网布局合理，积极推广新管材的应用；新建或改造后城市管网漏水率不大于现行行业标准及当地规划要求，得1.5分。

3 提高用水效率；按高质高用、低质低用的原则，生活用水、景观用水和绿化用水等按用水水质要求分别提供，梯级处理回用；采用节水系统、节水器具和设备；采用节水的景观和绿化浇灌设计，如景观用水不使用市政自来水，尽量利用河湖水、收集的雨水或再生水，绿化浇灌采用微灌、滴灌等节水措施，得1.5分。

4 雨水、污水综合利用：采用雨水、污水分流系统，有利于污水处理和雨水的回收再利用；在水资源短缺地区，通过技术经济比较，合理采用雨水和中水回用系统；合理规划地表与屋顶雨水径流途径，最大程度降低地表径流，采用多种渗透措施增加雨水的渗透量，得1.5分。

5.17.11 材料资源评价总分值为6分，应按下列规则评分并累计：

1 采用高性能、低材耗、耐久性好的新型结构形式。合理使用高性能混凝土、高强度钢、高耐久性材料、预应力等先进技术，压缩土建工程量取得显著成效，得1分。

2 使用绿色建材：选用高性能、高耐久性和本地建材，减少建材在全寿命周期中的能源消耗；选用可降解、对环境污染少的建材；使用原料消耗量少和采用废弃物生产的建材；使用可节能的功能性建材。在满足结构性能的条件下，通过采用新技术、新材料，节约材料用量；储水构筑物使用抗渗商品混凝土和预拌防水水泥砂浆，得1分。

3 采用工业化生产的成品，减少现场作业；遵循模数协调原则，减少施工废料；减少不可再生资源的使用。推进工业化、预制化技术的应用，得1分。

4 用预制桩取代现场施工灌注桩或用后注浆技术提高灌注桩的承载能力。基坑支护等临时结构合理使用可回收的钢结构体系，得1分。

5 根据所处环境类别进行科学、合理的耐久性设计，并采用可靠的防腐措施，满足结构的耐久性要求，使材料与设施在设计使用年限内正常发挥作用。养护措施、检修设施设计完善，满足可到达、可检查、可维修和可更换的要求。对可能更换的构件，制定更换预案，得1分。

  6 建筑总体布局、结构布置合理，避免采用大量装饰性构件，得1分。

5.17.12 环境安全评价总分值为6分，应按下列规则评分并累计：

  1 保护自然生态环境，注重工程设施与自然生态环境的协调；避免造成水土流失或其他灾害，得2分。

  2 保护山、水、林、田、湖、草等自然生态格局，维系生态本底的渗透、滞蓄、蒸发（腾）、径流等水文特征的原真性；保护和恢复降雨径流的自然积存、自然渗透、自然净化。满足海绵城市规划要求，得1分。

  3 建设活动对环境的负面影响应控制在国家现行相关标准规定的允许范围内；减少建设过程中产生的废水、废气、废物的排放，得1分。

  4 合理规划雨水径流，对厂站雨水系统进行优化布局，得1分。

  5 在给水排水工程中，生产废水处理工艺合理；污泥处置符合环保要求；尾水满足当地排放要求，得1分。

Ⅲ 创新性评价

5.17.13 理念创新、体现人与自然和谐共生的可持续发展理念，评价分值为5分。

5.17.14 技术创新评价总分值为15分，应按下列规则评分并累计：

  1 技术创新，设计过程中采取自主研发的新技术、新工艺、新流程、新材料、新装备、新产品等，得9分。

  2 依托本工程取得的创新成果（课题、专利、专有技术、奖项、竞赛活动成果、国家示范试点、参编标准、期刊论文等），填补国内空白或接近国际水平，得6分。

Ⅳ 效益评价

5.17.15 经济效益评价总分值为10分，应按下列规则评分并累计：

  1 与同类同期工程相比较，在综合投资方面有显著改进并取得显著成效，重要经济技术指标处于领先水平，得5分。

  2 推动实现可持续发展和共同繁荣，得5分。

5.17.16 社会效益评价总分值为10分，应按下列规则评分并累计：

  1 与同类同期工程相比较，在资源节约、环境保护、生态融合等方面亮点突出，社会满意度较高，得5分。

  2 对当地相关产业有辐射带动作用，对推动生态治理与战略性转型产业深度融合贡献巨大，得5分。

5.18 轨道交通工程

Ⅰ 先进性评价

5.18.1 总体设计评价总分值为8分，应按下列规则评分并累计：

  1 城市轨道交通总体设计应符合城市总体规划、符合城市轨道交通线网规划和近期建设规划的要求，得1分。

  2 城市轨道交通的总体设计、建设和运行维护应满足安全、卫生、环境保护、资源节约、公共安全、公共利益和社会管理要求，得1分。

  3 城市轨道交通的总体设计应统筹规划，可分期建设，建设长度、工程规模与客流需求、城市发展相匹配，得1分。

4 总体设计体现网络资源共享与建设时序间的关系，与网络中相关联络线设置合理，得1分。

5 线站位设计合理，与网络中相关线路换乘设计合理，与城市其他交通设施的接驳衔接设计合理，做到远近结合、统筹考虑，得1分。

6 接口设计合理：注重土建工程之间的设计协调。注重土建工程与机电工程之间的设计协调与功能匹配；注重所建设项目与外部相关工程之间的衔接与协调，得1分。

7 采用高效率、低能耗和能源综合利用资源的新技术、新工艺、新材料、新设备；严禁采用国家明令淘汰的生产工艺和设备，得1分。

8 地质勘探准确，不良地质评价及工程措施意见合理可行；无因地质原因引起重大变更，得1分。

5.18.2 主要技术标准选择评价总分值为4分，应按下列规则评分：

主要技术标准选择应符合项目在城市交通体系及项目在网络中的功能定位，满足社会、经济、环境、能源和工程要求。对于局部降低标准的，应有充分的经济技术比较。

5.18.3 选线及站位设置评价总分值为3分，应按下列规则评分并累计：

1 通道选线设计满足城市发展需求、客流需求及轨道交通网络要求，得1分。

2 线路选线设计合理，减少对两侧建筑、设施的相关影响，得1分。

3 车站选址合理，符合城市现状及规划，符合客流需求，得1分。

5.18.4 运营组织评价总分值为4分，应按下列规则评分并累计：

1 客流预测合理、可信，得1分。

2 运营组织方案灵活、满足初、近、远期客流需求，并有适当的余量，得1分。

3 车辆选型及编组、行车组织方案，经济合理，得1分。

4 车站配线满足各设计年度的设计运行交路要求，且具有良好的适应性和灵活性，得1分。

5.18.5 轨道设计评价总分值为2分，应按下列规则评分：

轨道结构设计方案满足工程环境评价要求，采用的环保技术措施经济合理、技术成熟。

5.18.6 建筑设计方面评价总分值为2分，应按下列规则评分并累计：

1 按照国家城镇绿色建筑相关要求，贯彻绿色、生态、低碳理念，充分考虑项目所在地区经济社会发展水平、气候条件和建筑特点，积极推进绿色建筑设计，得1分。

2 注重以人为本，车站流线设计合理，换乘便捷，得1分。

5.18.7 结构设计评价总分值为4分，应按下列规则评分并累计：

1 高架结构设计满足城市景观要求和减振降噪要求，得2分。

2 地下结构设计选择的施工方法及结构形式安全可靠、经济合理，得2分。

5.18.8 信息化技术评价总分值为2分，应按下列规则评分：

应用BIM技术进行多专业协同设计，基于BIM进行多专业模型整合、碰撞检查、综合协调、性能模拟分析、工程量统计、施工图编制等应用。设计模型与后续施工建造、运维管理等环节的BIM应用需求相协调。

5.18.9 技术经济设计评价总分值为1分，应按下列规则评分：

与同类型工程比较，技术经济指标达到了国内先进水平。无因设计原因产生的较大变更。

Ⅱ 绿色性评价

5.18.10 节地与土地资源保护评价总分值为8分，应按下列规则评分并累计：

1 工程规模和设备配置结合网络需求、线路特点、运输需求及分期建设需求，合理确定，得1分。

2 统筹规划、合理布局，采取合理的工程措施；在安全可靠、经济适用的前提下，尽可能与周围环境相协调，减少土地占用和夹心地，集约利用土地，得1分。

3 注重保护沿线自然生态和环境，尽可能绕避基本农田保护区；减少占用良田和对农用灌溉设施的损害；防止壅水内涝，有利于水土保持和引水造田，得1分。

  4 车站建筑有条件前提下，与周边建筑统筹考虑，集约总体布置，得1分。

  5 车辆基地总平面布置合理紧凑，充分提高土地利用效率；在满足运营安全和运输需求的前提下，综合考虑填挖高度、土石方数量、经济和环境影响等，采用合理的工程形式，高效利用土地，得1分。

  6 车站及车辆基地有条件前提下，充分考虑上盖开发，集约利用土地，得1分。

  7 工程范围内环境噪声符合现行国家标准及工程项目环境评价的要求；振动与噪声对周边居民可能造成影响时，采取减振隔声措施，得1分。

  8 减少建筑外立面和室外照明引起的光污染，得1分。

5.18.11 能源评价总分值为5分，应按下列规则评分并累计：

  1 采用高效供能、用能系统和设备，得1分。

  2 在满足基本功能前提下，线路纵断面采用节能坡度设计，减少运营能耗，得1分。

  3 通用设备能效应达到相应设备现行能效标准节能评价值或以上能效；专有设备宜优选节能型产品，得1分。

  4 单位工作量能耗等综合能耗指标达到国内同行业先进或领先水平；建筑能耗满足现行国家标准《民用建筑能耗标准》GB/T 51161约束值，得1分。

  5 原状土及渣土就地利用，建筑垃圾的综合利用等，得1分。

5.18.12 水资源评价总分值为5分，应按下列规则评分并累计：

  1 单位工作量用水量达到国内同行业先进或领先水平，得1分。

  2 水重复利用率达到国内同行业先进或领先水平，得1分。

  3 给水系统应按照现行国家标准《用能单位能源计量器具配备和管理通则》GB 17167及国家相关标准的规定设置智能计量装置，水计量器具配备率应达到100%，车站等设置给水自动控制系统，得1分。

  4 综合利用各种水资源并符合所在地区水资源综合利用规划；按照用水点对水质、水压要求的不同，采用分系统供水，得1分。

  5 排水系统完善，符合所在地区的排水制度和排水工程规划；按废水水质分流排水，排放水质符合现行国家有关标准的规定，得1分。

5.18.13 材料资源评价总分值为5分，应按下列规则评分并累计：

  1 不得使用国家禁止使用的建筑材料或建筑产品，得1分。

  2 采用高性能、低材耗、耐久性好的新型结构体系；采用工业化生产的预制构件，预制构件的设计做到标准化，得1分。

  3 在保证安全和不污染环境的情况下，选用可循环、可回用和可再生的建材，得1分。

  4 使用的建筑材料和产品的性能参数与有害物质的限量应符合现行国家有关标准的规定，得1分。

  5 采用工业化生产的成品，减少现场作业；遵循模数协调原则，减少施工废料；减少不可再生资源的使用，得1分。

5.18.14 环境安全评价总分值为7分，应按下列规则评分并累计：

  1 保护自然生态环境，注重轨道交通工程与自然生态环境的协调；避免建筑行为造成水土流失或其他灾害；符合国家相关政策及规划；与区域相关规划相容，与所在地环境协调；与区域环境保护规划及环境功能区划的协调，得1分。

  2 轨道交通工程建设对环境的负面影响应控制在现行国家相关标准规定的允许范围内；减少项目产生的废水、废气、废物的排放，得1分。

  3 工程穿越环境敏感区及生态敏感区路段应进行方案比选，如无法绕避应设置相应环境保护措施，并符合环境敏感区及生态敏感区行政主管单位要求，得1分。

  4 可再生能源的使用不应造成对环境和原生态系统的破坏以及对自然资源的污染，得1分。

  5 取、弃土（碴）场设置满足合规性要求，得1分。

6 噪声、振动、水、大气、固体废物、电磁污染治理达标率应达到100%，得1分。
7 项目通过环保、水保验收，得1分。

Ⅲ 创新性评价

5.18.15 理念创新、体现人与自然和谐共生的可持续发展理念，评价分值为5分。

5.18.16 技术创新评价总分值为15分，应按下列规则评分并累计：
1 技术创新，设计过程中采取自主研发的新技术、新工艺、新流程、新材料、新装备、新产品等，得9分。
2 依托本工程取得的创新成果（课题、专利、专有技术、奖项、竞赛活动成果、国家示范试点、参编标准、期刊论文等），填补国内空白或接近国际水平，得6分。

Ⅳ 效益评价

5.18.17 经济效益评价总分值为10分，应按下列规则评分并累计：
1 与同类同期工程相比较，在综合投资方面有显著改进并取得显著成效，重要经济技术指标处于领先水平，得5分。
2 推动实现可持续发展和共同繁荣，得5分。

5.18.18 社会效益评价总分值为10分，应按下列规则评分并累计：
1 与同类同期工程相比较，在资源节约、环境保护、生态融合等方面亮点突出，社会满意度较高，得5分。
2 对当地相关产业有辐射带动作用，对推动生态治理与战略性转型产业深度融合贡献巨大，得5分。

5.19 园林景观工程

Ⅰ 先进性评价

5.19.1 总体设计评价总分值为5分，应按下列规则评分并累计：
1 总体布局合理，能因地制宜地进行景观设计，得1分。
2 与周边环境、周边地块功能及周边交通系统相协调，得1分。
3 满足上位规划或规范要求的用地指标，得1分。
4 可实施性强，得1分。
5 符合相关设计规范要求，得1分。

5.19.2 创意构思评价总分值为4分，应按下列规则评分并累计：
1 立意构思新颖巧妙，得2分。
2 充分考虑当地历史文化及民俗习惯，得2分。

5.19.3 空间功能评价总分值为4分，应按下列规则评分并累计：
1 空间序列合理展开，功能设置合理，得2分。
2 空间设计以人为本，满足服务人群的各类使用需求，得2分。

5.19.4 地形设计评价总分值为2分，应按下列规则评分并累计：
1 地形设计因地制宜，造型优美，得1分。
2 充分考虑土方的就地平衡，减少进土量和外运量，得1分。

5.19.5 交通系统评价总分值为3分，应按下列规则评分并累计：
1 道路系统构架清晰顺畅，人车分流设置合理，得1分。
2 步行道与景观序列节点相结合，形成良好引导和观感，得1分。

3 交通系统设计应以鼓励绿色低碳出行为主,并充分考虑健身需求,得 0.5 分。

4 如有绿道,其道路设计、配套设施及驿站设置应符合相关规范要求,得 0.5 分。

5.19.6 种植设计评价总分值为 4 分,应按下列规则评分并累计:

1 植物配置合理,能综合考虑四季效果及彩化效果,注重植物群落的多样性,得 2 分。

2 植物选择,以本土植物、适生植物和低养护植物为主,得 2 分。

5.19.7 海绵设计评价总分值为 2 分,应按下列规则评分并累计:

1 合理确定径流总量控制率,得 0.5 分。

2 结合景观设置雨水控制利用设施,得 0.5 分。

3 建成后的绿地,不应增加用地范围内现状雨水径流量和外排雨水总量,并尽可能消纳一部分范围外的雨水径流量,得 0.5 分。

4 应充分考虑植被浅沟、下沉式绿地、雨水塘、透水铺装等地表生态设施,得 0.5 分。

5.19.8 材料选择评价总分值为 2 分,应按下列规则评分并累计:

1 设计采用生态环保材料,得 1 分。

2 注重废弃材料的再利用,以及本地特色材料的应用,得 1 分。

5.19.9 配套设施评价总分值为 2 分,应按下列规则评分并累计:

1 配套建筑应与周边环境相融合,符合绿色建筑评价标准,得 0.5 分。

2 亭、廊、雕塑、座椅、照明设施、公共卫生设施等布局合理;造型人性化且富有创意,材料生态环保,得 0.5 分。

3 垃圾桶应满足可分类的要求,得 0.5 分。

4 合理布置无障碍设施,得 0.5 分。

5.19.10 其他工程评价总分值为 2 分,应按下列规则评分并累计:

1 给水排水设计应与海绵设施相结合,并能综合考虑中水的利用,得 1 分。

2 电气设计应考虑节能措施,使用节能型产品,得 0.5 分。

3 设施的结构要安全,合理节约,得 0.5 分。

Ⅱ 绿色性评价

5.19.11 节地与土地资源保护评价总分值为 6 分,应按下列规则评分并累计:

1 场地环境应安全可靠,远离污染源,并对自然灾害有充分的抵御能力;保护自然生态环境,注重与周边自然生态环境的协调;避免建设行为造成水土流失或其他灾害,得 2 分。

2 充分尊重和利用现状地形,避免大规模地造山挖湖,尽量做到挖填平衡,得 2 分。

3 优先种植乡土植物、病虫害少的植物,采用少维护、耐候性强的植物,减少日常维护的费用;构建多层次的复合生态结构,达到人工配置的植物群落自然和谐,并起到遮阳、降低能耗的作用;绿地配置合理,达到局部环境内保持水土、调节气候、降低污染和隔绝噪声的目的,得 2 分。

5.19.12 能源评价总分值为 6 分,应按下列规则评分并累计:

1 使用可再生能源:充分利用场地的自然资源条件,开发利用可再生能源,如太阳能、水能、风能等先进技术取自自然环境的能量。可再生能源的使用不应造成对环境和原生态系统的破坏以及对自然资源的污染,得 1.5 分。

2 合理布局交通系统,引导使用者绿色低碳出行,得 1.5 分。

3 建/构筑物设计应采用节能设备配备,得 1.5 分。

4 电气设计考虑节能措施,采用节能型产品,得 1.5 分。

5.19.13 水资源评价总分值为 6 分,应按下列规则评分并累计:

1 根据当地水资源状况,因地制宜地制定水系水体规划方案及地形设计,如中水、雨水回用等,保证方案的经济性和可实施性,得 2 分。

2 提高用水效率：按高质高用、低质低用的原则，生活用水、景观用水和绿化用水等按用水水质要求分别提供、梯级处理回用；采用节水系统、节水器具和设备，如卫生间采用低水量冲洗便器等；采用节水的景观和绿化浇灌设计，如景观用水不使用市政自来水，尽量利用河湖水、收集的雨水或再生水；绿化浇灌采用微灌、滴灌等节水措施，得 2 分。

3 雨水、污水综合利用：采用雨水、污水分流系统，有利于污水处理和雨水的回收再利用；在水资源短缺地区，通过技术经济比较，合理采用雨水和中水回用系统；合理规划地表与屋顶雨水径流途径，最大程度降低地表径流，采用多种渗透措施增加雨水的渗透量，得 2 分。

5.19.14 材料资源评价总分值为 6 分，应按下列规则评分并累计：

1 因地制宜，结合人文环境，注重场地内废弃材料再利用，得 2 分。

2 选用可循环、可回用和可再生的材料，得 2 分。

3 使用绿色建材：选用高性能、高耐久性和本地建材，减少建材在全寿命周期中的能源消耗；选用可降解、对环境污染少的建材；使用原料消耗量少和采用废弃物生产的建材；使用可节能的功能性建材，得 2 分。

5.19.15 环境安全评价总分值为 6 分，应按下列规则评分并累计：

1 保护场地内原有的自然水域、湿地、植被等，保持生态系统的安全性与稳定性，得 2 分。

2 活动场地的设计和活动内容的策划组织对环境的负面影响应控制在国家现行相关标准规定的允许范围内；减少场地内废水、废气、废物的排放，得 2 分。

3 注重环保宣传标识、装置及设施的设置，得 2 分。

Ⅲ 创新性评价

5.19.16 理念创新、体现人与自然和谐共生的可持续发展理念，评价分值为 5 分。

5.19.17 技术创新评价总分值为 15 分，应按下列规则评分并累计：

1 技术创新，设计过程中采取自主研发的新技术、新工艺、新流程、新材料、新装备、新产品等，得 9 分。

2 依托本工程取得的创新成果（课题、专利、专有技术、奖项、竞赛活动成果、国家示范试点、参编标准、期刊论文等），填补国内空白或接近国际水平，得 6 分。

Ⅳ 效益评价

5.19.18 经济效益评价总分值为 10 分，应按下列规则评分并累计：

1 与同类同期工程相比较，在综合投资方面有显著改进并取得显著成效，重要经济技术指标处于领先水平，得 5 分。

2 推动实现可持续发展和共同繁荣，得 5 分。

5.19.19 社会效益评价总分值为 10 分，应按下列规则评分并累计：

1 与同类同期工程相比较，在资源节约、环境保护、生态融合等方面亮点突出，社会满意度较高，得 5 分。

2 对当地相关产业有辐射带动作用，对推动生态治理与战略性转型产业深度融合贡献巨大，得 5 分。

5.20 城市防洪与河湖整治工程

Ⅰ 先进性评价

5.20.1 总体设计

评价总分值为 5 分，应按下列规则评分并累计：

1 工程总体布局，与城市发展规划相协调、与市政工程相结合，得 2 分。

2 在确保防洪安全的前提下，兼顾诸多工程的综合利用要求，发挥综合效益，充分体现保护生态环境，得 1 分。

3 岸线布置能再现河道多样性，同时，结合景观生态要求营造了良好的滨水空间，得 1 分。

4 河口控制构筑物（泵闸）站址选择合理，既能满足区域规划及功能要求，又能与周边环境协调融入；能充分利用城市自身条件和客观规律，统筹考虑与周边绿地、道路、广场等系统的关系；考虑其调蓄容积、排涝控制水位、水面率等指标，进行合理的分析计算和方案比选，因地制宜地选择经济合理的设计规模、排涝方案等，得 1 分。

5.20.2 水文计算评价总分值为 5 分，应按下列规则评分并累计：

1 协调防洪、治涝和排水标准之间的衔接关系；工程平面布置应适应城市水系连通循环、河道排涝能力、竖向规划、用地平衡等，得 2 分。

2 水文计算依据的资料应具有可靠性、一致性和代表性，得 2 分。

3 水文计算方法应科学、实用，对计算成果应进行多方面分析，得 1 分。

5.20.3 结构设计评价总分值为 5 分，应按下列规则评分并累计：

1 结合城市的具体情况，积极慎重地采用国内外先进的新理念、新技术、新工艺、新材料等，堤防结构采用生态材料，增强河道的自净能力，得 2 分。

2 结合地质条件、现状地形、河床演变、潮流波浪、防洪标准、施工工艺、投资造价等方面综合分析，多结构方案比选，精心设计，取得明显工程效果，得 1 分。

3 改扩建工程、维修加固工程能充分利用既有工程基础和上部结构，得 1 分。

4 能妥善处理堤防（泵闸）与桥梁、隧道、轨道交通、地下管线、地下空间、码头、航道、滨水景观等关系，通过精细化设计和巧妙构思，取得显著效果，得 1 分。

5.20.4 附属工程设计评价总分值为 5 分，应按下列规则评分并累计：

1 推广使用节能高效的机电设施，仪表及计算机监控系统设计满足运行维护管理、信息化应用的需求，实现智能控制、智慧管理；安全技术防范措施符合当地相关部门的要求，得 2 分。

2 推广应用适用的新结构、新材料、新理论有显著作用并获得显著经济、社会或环境效益，得 2 分。

3 推广使用先进适用的节能技术措施、节能产品，效果显著，得 1 分。

5.20.5 信息化技术评价总分值为 5 分，应按下列规则评分：

应用 BIM 技术进行多专业协同设计，基于 BIM 进行多专业模型整合、碰撞检查、综合协调、性能模拟分析、工程量统计、施工图编制等应用。设计模型与后续施工建造、运维管理等环节的 BIM 应用需求相协调。

5.20.6 技术经济设计评价总分值为 5 分，应按下列规则评分：

与同类型工程比较，技术经济指标达到了国内先进水平。无因设计原因产生的较大变更。

Ⅱ 绿色性评价

5.20.7 节地与土地资源保护评价总分值为 6 分，应按下列规则评分并累计：

1 工程建设不应减少水面面积、侵占基本农田和生态保护红线，得 1.5 分。

2 在满足防洪安全和预留生态空间的前提下，河道岸线布置应强调土地的集约化利用，与规划用地统筹，高效利用土地，如：河湖缓冲带与绿地相融合，河湖调蓄空间与滨水绿地、防汛通道与周边道路复合设计利用等，得 1.5 分。

3 驳岸结构形式在满足安全的前提下，应遵照节约土地资源的原则；满足"自然、绿色、生态"的要求，优先采用自然生态护岸，避免大挖大填，减少临时占地和土方开挖，得 1 分。

4 泵闸厂站建筑用地适度密集，强调土地的集约化利用，不超标准建设厂站，充分利用周边的配套公共建筑设施，合理规划用地，高效利用土地；能统筹考虑厂站的节地、节能、节水、节材、保护环境和满足建筑功能之间的关系，体现绿色环保厂站的理念，得1分。

5 优先种植乡土植物，采用少维护、耐候性强的植物，减少日常维护的费用；绿地配置合理，达到局部环境内保持水土、调节气候、降低污染和隔绝噪声的目的，得1分。

5.20.8 能源评价总分值为6分，应按下列规则评分并累计：

1 改善水环境措施中，生态曝气等设备优先考虑太阳能等节能设备，得2分。

2 合理选择水泵装置、闸门及其启闭装置，使设备能在高效区工作，得2分。

3 用节能高效的机电设施，仪表及计算机监控系统设计满足运行维护管理、信息化应用的需求，实现智能控制、智慧管理；安全技术防范措施符合当地相关部门的要求，得2分。

5.20.9 水资源评价总分值为6分，应按下列规则评分并累计：

1 河湖生态需水量：应保证河湖的生态需水量，如需通过生态补水方式满足生态需水量，补水量应按照区域实际水资源量和年径流过程计算生态基流量，并考虑逐月水量平衡后合理确定；湖泊应提出维持湖泊生态系统的最低水位要求，得2分。

2 提高用水效率：按高质高用、低质低用的原则，生活用水、景观用水和绿化用水等按用水水质要求分别提供、梯级处理回用。厂站采用节水系统、节水器具和设备；采用节水的景观和绿化浇灌设计，如景观用水不使用市政自来水，尽量利用河湖水、收集的雨水或再生水，绿化浇灌采用微灌、滴灌等节水措施，得2分。

3 雨水综合利用：采用雨水、污水分流系统，有利于污水处理和雨水的回收再利用，得2分。

5.20.10 材料资源评价总分值为6分，应按下列规则评分并累计：

1 采用高性能、低材耗、耐久性好的新型结构体系；选用可循环、可回用和可再生的建材，得1.5分。

2 使用绿色建材：选用高性能、高耐久性和本地建材，减少建材在全寿命周期中的能源消耗；选用可降解、对环境污染少的建材；使用原料消耗量少和采用废弃物生产的建材；使用可节能的功能性建材，得1.5分。

3 采用工业化生产的成品，减少现场作业；遵循模数协调原则，减少施工废料；减少不可再生资源的使用。采用工业化生产的预制构件，预制构件的设计做到标准化，得1.5分。

4 总体布置、结构设计合理，避免采用大量装饰性构件，得1.5分。

5.20.11 环境安全评价总分值为6分，应按下列规则评分并累计：

1 保护自然生态环境，注重涉河、穿河、跨河构筑物与自然生态环境的协调；避免建筑行为造成水土流失或其他灾害，得1.5分。

2 建筑活动对环境的负面影响应控制在国家现行相关标准规定的允许范围内；减少建筑产生的废水、废气、废物的排放，得1.5分。

3 合理规划雨水径流，对滨水管理范围内及厂站雨水系统进行合理布局，得1.5分。

4 底泥疏浚采用新的处置工艺和方法，实现底泥无害化、减量化和资源化处理，达到国际或国内领先水平，得1.5分。

Ⅲ 创新性评价

5.20.12 理念创新、体现人与自然和谐共生的可持续发展理念，评价分值为5分。

5.20.13 技术创新评价总分值为15分，应按下列规则评分并累计：

1 技术创新，设计过程中采取自主研发的新技术、新工艺、新流程、新材料、新装备、新产品等，得9分。

2 依托本工程取得的创新成果（课题、专利、专有技术、奖项、竞赛活动成果、国家示范试点、参编标准、期刊论文等），填补国内空白或接近国际水平，得6分。

Ⅳ 效 益 评 价

5.20.14 经济效益评价总分值为10分,应按下列规则评分并累计:

1 与同类同期工程相比较,在综合投资方面有显著改进并取得显著成效,重要经济技术指标处于领先水平,得5分。

2 推动实现可持续发展和共同繁荣,得5分。

5.20.15 社会效益评价总分值为10分,应按下列规则评分并累计:

1 与同类同期工程相比较,在资源节约、环境保护、生态融合等方面亮点突出,社会满意度较高,得5分。

2 对当地相关产业有辐射带动作用,对推动生态治理与战略性转型产业深度融合贡献巨大,得5分。

5.21 建 筑 工 程

Ⅰ 先 进 性 评 价

5.21.1 建筑设计评价总分值为7分,应按下列规则评分并累计:

1 有特别功能要求的项目,设计水平有明显提高,得4分。

2 精心创造优美居住环境,并在节约用地、日照通风、公建配套、交通组织或园林绿化、保护自然生态等方面取得显著成果的,得4分。

5.21.2 结构设计评价总分值为7分,应按下列规则评分并累计:

1 推广应用适用的结构、新材料、新理论方面有显著作用并获得显著经济、社会或环境效益,得4分。

2 有特殊要求的项目,采用技术含量高的处理措施,实际效果良好,得3分。

5.21.3 给水排水设计评价总分值为5分,应按下列规则评分并累计:

1 合理选用新设备、新材料,效果良好,得2分。

2 采用正确的技术措施,在节能、环保、消防安全的某一方面取得显著成效,得2分。

3 技术复杂、难度大的工程,经精心设计取得明显的经济、社会或环境效益,得1分。

5.21.4 暖通设计评价总分值为5分,应按下列规则评分并累计:

1 设计新颖,技术领先,积极推广新技术,得2.5分。

2 合理选用新设备、新材料,获得良好效果,得2.5分。

5.21.5 电气设计评价总分值为6分,应按下列规则评分并累计:

1 采用先进适用技术或重大技术措施,与同类型工程相比有明显的改进,得2分。

2 选用节能型适用产品,效果显著,得2分。

3 使用要求复杂、难度大的工程,经过精心设计,克服困难取得优良效果,得1分。

4 智能化系统各子系统设计应具有技术先进、经济、合理、实用、可靠,能提供有效的信息服务;应具有开发性、灵活性、可扩性、实用性和安全性,得1分。

Ⅱ 绿 色 性 评 价

5.21.6 节地与土地资源保护评价总分值为8分,应按下列规则评分并累计:

1 建筑场地优先选用已开发且具城市改造潜力的用地;场地环境应安全可靠,远离污染源,并对自然灾害有充分的抵御能力;保护自然生态环境,注重建筑与自然生态环境的协调;避免建筑行为造成水土流失或其他灾害,得2分。

2 建筑用地适度密集,强调土地的集约化利用,充分利用周边的配套公共建筑设施,合理规划用地；高效利用土地，如开发利用地下空间，采用新型结构体系与高强轻质结构材料，提高建筑空间的使用率，得 1.5 分。

3 建筑活动对环境的负面影响应控制在国家现行相关标准规定的允许范围内；减少建筑产生的废水、废气、废物的排放；利用园林绿化和建筑外部设计以减少热岛效应；减少建筑外立面和室外照明引起的光污染；采用雨水回渗等海绵城市措施，维持土壤水生态系统的平衡，得 1.5 分。

4 优先种植乡土植物，采用少维护、耐候性强的植物，减少日常维护的费用；采用生态绿地、墙体绿化、屋顶绿化等多样化的绿化方式，构成多层次的复合生态结构，达到人工配置的植物群落自然和谐，并起到遮阳、降低能耗的作用；绿地配置合理，达到局部环境内保持水土、调节气候、降低污染和隔绝噪声的目的，得 1.5 分。

5 充分利用公共交通网络；合理组织交通，减少人车干扰；地面停车场采用透水地面，并结合绿化为车辆遮阴，得 1.5 分。

5.21.7 能源评价总分值为 7 分，应按下列规则评分并累计：

1 利用场地自然条件，合理考虑建筑朝向和间距，充分利用自然通风和天然采光；提高建筑围护结构的保温隔热性能，采用由高效保温材料制成的复合墙体和屋面及密封保温隔热性能好的门窗；采用用能调控和计量系统，得 2 分。

2 采用高效建筑供能、用能系统和设备，合理选择用能设备，使设备在高效区工作；根据建筑物用能负荷动态变化，采用合理的调控措施；优化用能系统，采用能源回收技术，考虑部分空间、部分负荷下运营时的节能措施；针对不同能源结构，实现能源梯级利用，得 2 分。

3 使用可再生能源：充分利用场地的自然资源条件，开发利用可再生能源，如太阳能、水能、风能、地热能、海洋能、生物质能、潮汐能以及通过热泵等先进技术取自自然环境（如大气、地表水、污水、浅层地下水、土壤等）的能量。可再生能源的使用不应造成对环境和原生态系统的破坏以及对自然资源的污染，得 2 分。

4 确定各分项节能指标及综合节能指标，得 1 分。

5.21.8 水资源评价总分值为 4 分，应按下列规则评分并累计：

1 根据当地水资源状况，因地制宜地制定节水规划方案，如中水、雨水回用等，保证方案的经济性和可实施性，得 1 分。

2 提高用水效率：按高质高用、低质低用的原则，生活用水、景观用水和绿化用水等按用水水质要求分别提供、梯级处理回用；采用节水系统、节水器具和设备，如卫生间采用低水量冲洗便器等；采用节水的景观和绿化浇灌设计，如景观用水不使用市政自来水，尽量利用河湖水、收集的雨水或再生水，绿化浇灌采用微灌、滴灌等节水措施，得 1 分。

3 雨水、污水综合利用：采用雨水、污水分流系统，有利于污水处理和雨水的回收再利用；在水资源短缺地区，通过技术经济比较，合理采用雨水和中水回用系统；合理规划地表与屋顶雨水径流途径，最大程度降低地表径流，采用多种渗透措施增加雨水的渗透量，得 1 分。

4 确定各分项节水指标及综合节水指标，得 1 分。

5.21.9 材料资源评价总分值为 6 分，应按下列规则评分并累计：

1 采用高性能、低材耗、耐久性好的新型建筑体系；选用可循环、可回用和可再生的建材；采用工业化生产的成品，减少现场作业；遵循模数协调原则，减少施工废料；减少不可再生资源的使用，得 2 分。

2 使用绿色建材：选用高性能、高耐久性和本地建材，减少建材在全寿命周期中的能源消耗；选用可降解、对环境污染少的建材；使用原料消耗量少和采用废弃物生产的建材；使用可节能的功能性建材，得 2 分。

3 采用高强度材料，预拌混凝土，预拌砂浆，得 2 分。

5.21.10 环境安全评价总分值为 5 分，应按下列规则评分并累计：

1 保护场地内原有的自然水域、湿地、植被等；保持场地内的生态系统与场地外生态系统的连贯性，得 3 分。

2 采取净地表层土利用等生态补偿措施；宗地土壤污染修复、污染水体净化和循环等生态补偿措施，得 2 分。

Ⅲ 创新性评价

5.21.11 理念创新、体现人与自然和谐共生的可持续发展理念，评价分值为 5 分。

5.21.12 技术创新评价总分值为 15 分，应按下列规则评分并累计：

1 技术创新，设计过程中采取自主研发的新技术、新工艺、新流程、新材料、新装备、新产品等，得 9 分。

2 依托本工程取得的创新成果（课题、专利、专有技术、奖项、竞赛活动成果、国家示范试点、参编标准、期刊论文等），填补国内空白或接近国际水平，得 6 分。

Ⅳ 效 益 评 价

5.21.13 经济效益评价总分值为 10 分，应按下列规则评分并累计：

1 与同类同期工程相比较，在综合投资方面有显著改进并取得显著成效，重要经济技术指标处于领先水平，得 5 分。

2 推动实现可持续发展和共同繁荣，得 5 分。

5.21.14 社会效益评价总分值为 10 分，应按下列规则评分并累计：

1 与同类同期工程相比较，在资源节约、环境保护、生态融合等方面亮点突出，社会满意度较高，得 5 分。

2 对当地相关产业有辐射带动作用，对推动生态治理与战略性转型产业深度融合贡献巨大，得 5 分。

6 绿色建造施工水平评价

6.1 施 工 管 理

6.1.1 施工管理为绿色施工的控制项指标，包含组织管理、策划与实施管理、人力资源健康保障、评价管理。

6.1.2 组织管理包括以下方面：

1 应建立绿色管理体系及管理制度，明确管理职责。

2 应规范专业分包绿色管理制度，参建各方（建设单位、施工总承包单位、设计单位、监理单位、分包单位等）应明确各级岗位权责。

6.1.3 策划与实施管理包括以下方面：

1 结合前期策划制定的绿色总目标制定绿色建造施工目标。

2 编制绿色建造策划实施方案，包括对碳排放相关要求的控制措施。

3 应建立绿色管控过程交底、培训制度，并有实施记录。

4 根据绿色建造施工过程要求，应进行图纸会审、深化设计和合理化建议，制定优化设计、方案优化措施，并有实施记录。

5 应根据工程特点制定绿色科研计划。

6.1.4 人力资源健康保障包括以下方面：

1 应制定人员安全管理制度和健康管理，制定人员健康和保护应急预案。

2 食堂应制定卫生管理制度，并有消毒记录。

6.1.5 评价管理应分阶段开展评价工作并进行成效分析,提出持续改进措施。

6.2 环境保护与安全

Ⅰ 通 用 项

6.2.1 采取保护生态环境与施工现场安全的措施,评价总分值为7分,并按下列规则分别评分并累计:
 1 按照国家和地方对生态及环境保护的相关要求,维护施工干扰区域的生物多样性,避免对周边山、水、林、田、湖、草、沙、冰等自然生态产生影响;并应建立环境事件应急预案,得2分。
 2 文物古迹、古树名木及所发现的地下文物资源应采取有效的保护措施,得1分。
 3 施工现场干净、整洁。生活区、办公区适宜生活与办公,环境优美。保证工程功能安全、耐久性的技术措施应进行相应检测,得1分。
 4 现场安全风险较大的分部分项施工应确保安全,得1分。
 5 现场建立危险品、废品及化学品等有毒材料管理办法,得1分。
 6 施工前对现场进行勘察,对不利施工的影响因素进行分析,得1分。

6.2.2 采取扬尘控制措施,评价总分值为4分,并按下列规则分别评分并累计:
 1 现场建立空气质量动态监测及超标应急预案;在禁令施工时间内应严格执行有关禁止施工的规定,得2分。
 2 现场车辆运输采取封闭及防污措施,得1分。
 3 易产生扬尘的施工作业应采取防尘、抑尘及降尘措施,得1分。

6.2.3 采用有害气体排放控制措施,评价总分值为3分,并按下列规则评分:
 施工现场有害气体排放符合现行国家标准《大气污染物综合排放标准》GB 16297的规定,得3分。

6.2.4 采用水土污染控制措施,评价总分值为2分,并按下列规则分别评分并累计:
 1 施工现场污水排放达到现行国家标准《污水综合排放标准》GB 8978的要求,得1分。
 2 现场道路和材料堆放场地周边设排水沟并通畅,得1分。

6.2.5 采用光污染控制措施,评价总分值为1分,并按下列规则评分:
 避免或减少施工过程光污染,电焊作业避免电焊弧光外泄,得1分。

6.2.6 采用噪声与振动控制措施,评价总分值为2分,并按下列规则分别评分并累计:
 1 周边有噪声敏感区时现场噪声排放不超过现行国家标准《建筑施工场界环境噪声排放标准》GB 12523的规定。合理安排工期,减少夜间施工。在禁令时间内停止产生噪声的施工作业,得1分。
 2 施工噪声较大的机械设备采取隔声与隔振措施,得1分。

6.2.7 采用施工用地以及设施保护的措施,评价总分值为6分,并按下列规则分别评分并累计:
 1 保护施工现场原有建筑物、构筑物、道路和管线等设施并充分利用,得2分。
 2 对深基坑施工方案进行优化,减少土方开挖和回填量,最大限度地减少对土地的扰动,利用科学的方法保护水土资源,得2分。
 3 科学合理布置临时道路,满足消防要求且方便运输,得1分。
 4 施工用地绘制不同阶段的施工总平面布置图,科学合理部署,减少资源浪费,得1分。

Ⅱ 专 项

6.2.8 冶金工程中采用关于环境保护与安全的措施,评价总分值为5分,并按下列规则分别评分并累计:
 1 无现场露天喷砂除锈、喷漆,得1分。
 2 规划现场仓储、周转场地及大型构件现场拼装场地;优化材料、设备进场计划,与施工现场进度协调,减少多次倒运,得2分。

3 保温防腐耐火材料施工采取措施减少对环境的污染，施工产生的废弃物及时清理并合法处置，得1分。

　　4 现场放射源保管使用按《放射性同位素与射线装置安全和防护条例》（国务院第449号令）制订安全使用和防护措施，得1分。

6.2.9 电力工程中采用关于环境保护与安全的措施，评价总分值为5分，并按下列规则分别评分并累计：

　　1 保温防腐施工采取措施减少对环境的污染；保温防腐施工产生的废弃物及时清理并合法处置，得1分。

　　2 喷丸、喷涂施工采取防尘降噪隔声等措施，得1分。

　　3 现场放射源保管使用按《放射性同位素与射线装置安全和防护条例》（国务院第449号令）制订安全使用和防护措施，得1分。

　　4 火电厂烟尘、二氧化硫、氮氧化物排放浓度满足各地要求，得1分。

　　5 采取防止水土流失措施，充分利用山地、荒地作为取、弃土场的用地；施工后应恢复植被，在生态脆弱的地区施工完成后，进行地貌复原，得1分。

6.2.10 建材工程中采用关于环境保护与安全的措施，评价总分值为5分，并按下列规则分别评分并累计：

　　1 生产过程的监测纳入政府监测系统，得1分。

　　2 喷丸、喷涂施工采取防尘降噪隔声等措施，得1分。

　　3 保温防腐施工采取措施减少对环境的污染；保温防腐施工产生的废弃物及时清理并合法处置，得2分。

　　4 大型施工机具加强保养，避免发生漏油、滴油，得1分。

6.2.11 铁路工程中采用关于环境保护与安全的措施，评价总分值为5分，并按下列规则分别评分并累计：

　　1 轨枕与螺旋道钉的连接，采用螺旋道钉锚固剂施工方法替代硫磺锚固，得1分。

　　2 铁路既有线改造、护栏护网拆除前与相应所属单位签订协议，并确保营业线铁路运营安全，得0.5分。

　　3 大型铁路土建工程编制土方调配方案，移挖作填，充分利用山地、荒地作为施工取土、弃土场用地，得1分。

　　4 铺轨基地永临结合、合理布置、少占农田；结合新建线路与既有线的相对位置关系，便于列车进出，引入线路短；利用既有或新建工程，减少过渡工程量，得1分。

　　5 无砟道床施工基底现场凿毛处理，采取有效的隔声和防粉尘措施；表面冲洗废水集中收集，不污染桥下土体；钢轨打磨产生的锈粉等废弃物集中收集处理，不污染施工现场，得1分。

　　6 内燃机车、轨道车等动力设备、移动闪光焊机等其他作业设备，采取废气净化、隔振降噪等减少污染物排放的措施，改善现场作业的环境条件，得0.5分。

6.2.12 公路工程中采用关于环境保护与安全的措施，评价总分值为5分，并按下列规则分别评分并累计：

　　1 施工方案遵循少扰动原则，选择对生态地貌影响破坏小的施工工艺；采用对岩体破坏影响小的爆破工法，得1分。

　　2 施工便道因地制宜严格规划其路线走向，以减少植被破坏和生态环境影响，得1分。

　　3 桥梁施工产生的泥浆、钻碴经沉淀池处理后运至指定场地处理，得1分。

　　4 对施工干扰区域的珍稀水生生物、野生动植物制定有效保护措施，得1分。

　　5 易产生粉尘及有害气体的场站采取除尘及有害气体净化措施，得1分。

6.2.13 水运工程中采用关于环境保护与安全的措施，评价总分值为5分，并按下列规则分别评分并累计：

1 取得水上水下施工、废弃物海洋倾倒许可证；涉水施工需编制专项生态环境保护施工方案，得1分。

2 施工作业采用先进的设备、科学合理的施工工艺、严禁风浪较大天气作业，减小悬浮物的产生量和影响范围，得1分。

3 对施工干扰区域的珍稀水生生物、野生动植物制定有效保护措施；炸礁工程采用高效安全爆破工艺，清礁严格按设计范围进行，尽量减小清礁幅度，划定作业带限定船舶活动范围，减少施工船舶和爆破施工对工程区周边海域生态环境的影响，得1分。

4 制定施工船舶漏油、生活污水及垃圾防治处置措施。海上施工场所设置醒目警示标志，提醒过往船只远离施工场所。疏浚挖泥施工在指定卸泥点卸泥，得1分。

5 易产生粉尘及有害气体的场站，采取除尘及有害气体净化措施，得1分。

6.2.14 水利工程中采用关于环境保护与安全的措施，评价总分值为5分，并按下列规则分别评分并累计：

1 施工期内，采取有效措施防止施工废水、污水对水环境的污染，做好下游水环境保护工作；减缓工程施工和运行对区域水环境的不利影响，未因工程施工降低水质类别的，得2分。

2 施工期内，采取有效措施控制施工建设造成的植被破坏和水土流失，使项目区的水土保持水平和绿地面积不低于建设前水平的，得1分。

3 施工期内，对施工干扰区域的珍稀水生生物、野生动植物制定有效保护措施，未破坏生态系统的稳定性，使生态环境的损失控制在可承受范围内的，得1分。

4 施工期内，采取有效措施未使施工区大气环境和声环境质量下降的，得0.5分。

5 加强工程施工期医疗卫生防疫体系的建设，防止与工程施工活动有关的病媒生物滋生，使有关的传染病发病率不高于现状水平的，得0.5分。

6.2.15 市政园林工程中采用关于环境保护与安全的措施，评价总分值为5分，并按下列规则分别评分并累计：

1 基坑开挖采用地下水保护技术、隔水支护系统等措施保护场地周围原有地下水形态；基坑抽水采用动态控制技术，尽量减少抽水量，得1分。

2 拆除及爆破作业、桩头凿除、钢梁喷砂除锈、混凝土凿毛等作业，应采取降尘措施，并尽量采用环保工艺，得1分。

3 钻孔桩作业采用泥浆循环利用系统，不外溢漫流，得1分。

4 船舶进行水上、水下施工作业时，编制施工方案，采取有效的防污染措施；施工船舶生活污水排放应符合排放标准；船舶的残油、废油回收，得1分。

5 未经相关部门许可，不在农田、耕地、河流、湖泊、湿地弃渣。在生态脆弱的地区施工完成后，进行地貌复原，得1分。

6.2.16 建筑工程中采用关于环境保护与安全的措施，评价总分值为5分，并按下列规则分别评分并累计：

1 施工现场采取自动扬尘监测与自动喷雾等降尘联动措施，得2分。

2 依据现行国家标准《建筑碳排放计算标准》GB/T 51366的要求，利用绿色科技手段大力减少碳排放，得1分。

3 场界安装空气质量监测设备，动态连续监测扬尘情况。对于超标情况应制定监测超标后的应急预案，得1分。

4 保护场区原有设施，科学合理部署施工场地，绘制不同阶段的施工总平布置图，指导施工、减少资源浪费，得1分。

6.3 资源节约与循环利用

Ⅰ 材料节约与循环利用通用项

6.3.1 采取材料节约的措施，评价总分值为4分，并按下列规则分别评分并累计：

1 材料选用科学合理，采用先进的技术手段选择适用的材料资源，得1分。

2 施工选用绿色、环保材料，得1分。

3 采用设计优化、方案优化措施，有明显的节材效果；通过设计及方案优化进行节材，且效果明显，得1分。

4 主要建材损耗率比地方定额损耗率低30%以上，得1分。

6.3.2 采取循环再利用的措施，评价总分值为4分，并按下列规则分别评分并累计：

1 选用耐用、维护与拆卸方便的周转材料，且可重复使用率大于70%，得1分。

2 模板应以节约自然资源为原则，推广使用管件合一的脚手架和支撑体系，推广使用工具式模板类新型模板材料；采取措施提高模板、脚手架等材料的周转次数，得1分。

3 临建设施预制装配化，工程余料重复使用；安全防护应定型化、工具化、标准化、可拆迁，采用可回收材料，得2分。

Ⅱ 材料节约与循环利用专项

6.3.3 冶金工程中采用关于材料节约与循环利用的措施，评价总分值为4分，并按下列规则分别评分并累计：

1 钢结构、管道采用工厂化预加工，得1分。

2 推广使用工业废渣作为道路底基层和面层，得1分。

3 推广钢构件、设备、管道、电气等安装采用BIM加3D扫描模拟安装，得1分。

4 设备构件包装物及时回收；保温防腐耐火材料合理安排进厂次序，限额领料，充分利用保温边角料，降低材料损耗，得1分。

6.3.4 电力工程中采用关于材料节约与循环利用的措施，评价总分值为4分，并按下列规则分别评分并累计：

1 根据施工进度、材料使用时点、库存情况等制定材料的采购和使用计划，得2分。

2 在混凝土配合比设计时，减少水泥用量，增加工业废料、矿山废渣的掺量；当混凝土中添加粉煤灰时，能充分利用其后期强度，得1分。

3 保温防腐材料合理安排进厂次序，限额领料；充分利用保温边角料，降低材料损耗，得1分。

6.3.5 建材工程中采用关于材料节约与循环利用的措施，评价总分值为4分，并按下列规则分别评分并累计：

1 现场非标设备、钢结构加工制作，提高钢材有效利用率，得2分。

2 严禁使用国家明令禁止使用的材料，得2分。

6.3.6 铁路工程中采用关于材料节约与循环利用的措施，评价总分值为4分，并按下列规则分别评分并累计：

1 铁路既有线改造工程旧轨料（钢轨、轨枕、道岔）、旧道砟再利用；铺轨基地的临时线路，合理使用旧轨料，临时线路使用的道砟参照原二级道砟的标准，得1分。

2 优化钢轨配轨方案，得1分。

3 优化混凝土配合比节约水泥，提高粉煤灰、矿渣等工业废渣的掺加量。水泥乳化沥青砂浆、自密实混凝土施工等进行工艺性试验，降低损耗。道砟胶选用环保材料，在仓储、运输、现场作业等环节防止遗撒，得1分。

4 优先采用建筑配件整体化、装配化安装的施工方法，得1分。

6.3.7 公路工程中采用关于材料节约与循环利用的措施，评价总分值为4分，并按下列规则分别评分并累计：

1 优化混凝土配合比节约水泥，提高粉煤灰、矿渣等工业废渣的掺加量，得1分。

2 胶凝材料储存罐设置粉尘回收装置，得1分。

3 推行集约化管理配送，工厂化生产；实现混凝土集中拌制，钢筋集中加工，混凝土构件集中预制，得1分。

4 沥青路面摊铺采用生态环保型沥青材料，得1分。

6.3.8 水运工程中采用关于材料节约与循环利用的措施，评价总分值为4分，并按下列规则分别评分并累计：

1 优化混凝土配合比节约水泥，提高粉煤灰、矿渣等工业废渣的掺加量，得3分。

2 爆破施工选用环保型、爆炸充分的炸药。严格控制单响用药量，节约材料，减少炸药中有机组分在海域中的残留量，得1分。

6.3.9 水利工程中采用关于材料节约与循环利用的措施，评价总分值为4分，并按下列规则分别评分并累计：

1 通过优化体型、结构设计，减小筑坝材料、结构混凝土等建筑材料用量的，得1分。

2 通过优化混凝土配合比，节约水泥，提高粉煤灰、矿渣等工业废渣的掺加量，得1分。

3 推广使用管件合一的脚手架和支撑体系；推广使用工具式模板类新型模板材料，得1分；采取措施提高模板、脚手架等材料的周转次数，得1分。

6.3.10 市政园林工程中采用关于材料节约与循环利用的措施，评价总分值为4分，并按下列规则分别评分并累计：

1 施工临时结构采用标准化设计、工厂化制造、装配化安装，优先采用既有周转材料和设备，得2分。

2 施工支架、操作平台等设计充分利用主体结构。桥梁高墩盖梁、墩顶现浇梁段宜采用预埋式支承托架，得2分。

6.3.11 建筑工程中采用关于材料节约与循环利用的措施，评价总分值为4分，并按下列规则分别评分并累计：

1 主要建筑材料损耗率比定额损耗率低50%以上，得2分。

2 采取精细化管理和优化措施等节约材料，减少碳排放，得1分。

3 运用建筑信息化模型，通过施工模拟、三维技术交底等；为施工提供数据报告，节材降耗提高工效，得1分。

Ⅲ　建筑垃圾控制和循环利用通用项

6.3.12 采取建筑垃圾控制的措施，评价总分值为2分，并按下列规则分别评分并累计：

1 制定合理的建筑垃圾控制目标。建筑垃圾按阶段进行统计分类计算，回收利用率达到30%，得1分。

2 垃圾应分为可回收利用与不可回收利用两类定期清运，动态管理。并与相关资质单位签订处置协议，得0.5分。

3 采用有效的建筑垃圾监控措施，动态管理计量准确，得0.5分。

6.3.13 采取建筑垃圾控制循环利用的措施，评价总分值为2分，并按下列规则分别评分并累计：

1 优先采用可再利用材料和可再循环材料，以及以建筑垃圾为原料生产的达标建筑材料，得0.5分。

2 建筑材料包装物100%回收，得1分。

3 采用建筑垃圾循环利用的方法措施，较少垃圾的排放量。碎石类、土石方类建筑垃圾宜用作地基和路基回填材料或破碎作为骨料使用,得 0.5 分。

Ⅳ 建筑垃圾控制和循环利用专项

6.3.14 冶金工程中采用关于建筑垃圾控制和循环利用的措施,评价总分值为 4 分,并按下列规则分别评分并累计:

1 保温防腐施工产生的废弃物应及时清理并合规处置,得 2 分。
2 建筑垃圾产生量比目标值低 10% 以上,得 2 分。

6.3.15 电力工程中采用关于建筑垃圾控制和循环利用的措施,评价总分值为 4 分,并按下列规则分别评分并累计:

1 现场土方统一策划和管理,分类使用,回填土应尽可能采用现场开挖土,尽量做到土方平衡;设备包装物及时回收,并按相关规定管理、利用和处理;保温防腐施工产生的废弃物及时收集清理并合法处置。锅炉酸洗等调试产生的废水等应及时收集并合法处置,得 2 分。
2 建筑垃圾产生量比目标值低 10% 以上,得 2 分。

6.3.16 建材工程中采用关于建筑垃圾控制和循环利用的措施,评价总分值为 4 分,并按下列规则分别评分并累计:

1 保温防腐施工采取措施减少对环境的污染;保温防腐施工产生的废弃物及时清理并合法处置,得 2 分。
2 建筑垃圾产生量比目标值低 10% 以上,得 2 分。

6.3.17 铁路工程中采用关于建筑垃圾控制和循环利用的措施,评价总分值为 4 分,并按下列规则分别评分并累计:

1 铁路既有线改造、护栏护网拆除前与相应所属单位签订协议,并确保营业线铁路运营安全,得 0.5 分。
2 无砟道床施工梁面凿毛碎渣进行集中收集彻底清理,采用自动清扫车,得 0.5 分。
3 拆除扣件、配件时应就地分类装袋收集,不随意丢弃;"四电"材料设备利旧方案,应根据设计意图及现场条件编制,得 0.5 分。
4 施工时妥善拆除、运输、整修、保管、利旧安装;"四电"施工拆除的废旧材料、垃圾应分类收集,弃运到指定地点,不就地丢弃、埋设、焚烧,得 0.5 分。
5 建筑垃圾产生量比目标值低 10% 以上,得 2 分。

6.3.18 公路工程中采用关于建筑垃圾控制和循环利用的措施,评价总分值为 4 分,并按下列规则分别评分并累计:

1 充分利用改扩建工程中废旧道路材料,得 1 分。
2 优化隧道正洞及其辅助坑道的出碴与利用方案;提高隧道弃碴综合利用率,得 1 分。
3 建筑垃圾产生量比目标值低 10% 以上,得 2 分。

6.3.19 水运工程中采用关于建筑垃圾控制和循环利用的措施,评价总分值为 4 分,并按下列规则分别评分并累计:

1 采取疏浚土、污泥综合利用等固体废弃物资源化措施;提高疏浚土、污泥综合利用率,得 1 分。
2 水上施工作业时产生的垃圾需上岸后集中到指定地点处理,不随意倾倒,得 1 分。
3 建筑垃圾产生量比目标值低 10% 以上,得 2 分。

6.3.20 水利工程中采用关于建筑垃圾控制和循环利用的措施,评价总分值为 4 分,并按下列规则分别评分并累计:

1 充分利用建筑物开挖料筑坝、回填等;减小新辟料场和工程弃碴场规模的,得 1 分。
2 施工时做好工程开挖区表土剥离、收集、存放等措施,后期用作植被恢复的,得 1 分。
3 弃碴运至指定碴场堆存;做好碴场防护、水土保持措施的,得 2 分。

6.3.21 市政园林工程中采用关于建筑垃圾控制和循环利用的措施，评价总分值为4分，并按下列规则分别评分并累计：

 1 水上施工区及船舶生活垃圾定期由驳船运至岸上统一集中处理，得2分。

 2 建筑垃圾产生量比目标值低10%以上，得2分。

6.3.22 建筑工程中采用关于建筑垃圾控制和循环利用的措施，评价总分值为4分，并按下列规则分别评分并累计：

 1 全过程垃圾减量化措施合理有效，措施得当精细建造，得1分。

 2 对建筑垃圾的减量化的有效性和减少碳排放进行分析，得1分。

 3 建筑垃圾产生量比目标值低10%以上，得1分。

 4 建筑垃圾回收利用率达到50%，得1分。

Ⅴ 水资源节约与循环利用通用项

6.3.23 采取水资源节约的措施，评价总分值为3分，并按下列规则分别评分并累计：

 1 根据工程预算定额，制定工程用水目标，并分解不同阶段的用水目标；分别进行计量考核管理，用水量节省不低于定额用水量的10%，得1分。

 2 施工用水全面管理，生产、生活用水安全达标，得1分。

 3 施工现场办公区、生活区的生活用水采用节水系统和节水器具，且配置率达100%，得1分。

6.3.24 采取水资源循环利用的措施，评价总分值为3分，并按下列规则分别评分并累计：

 1 施工现场应根据地域情况进行非传统用水的收集；建立雨水收集利用系统，得1.5分。

 2 施工现场采用经检测合格的非传统水及再生水进行循环利用，得1.5分。

Ⅵ 水资源节约与循环利用专项

6.3.25 冶金工程中采用关于水资源节约与循环利用的措施，评价总分值为4分，并按下列规则分别评分并累计：

 1 推进利用既有建筑水池进行雨水收集作为工业用水，得2分。

 2 湿法作业时改用汽水喷雾装置，得2分。

6.3.26 电力工程中采用关于水资源节约与循环利用的措施，评价总分值为4分，并按下列规则分别评分并累计：

 1 施工采用先进的节水施工工艺，得2分。

 2 管网和用水器具无渗漏，得1分。

 3 喷洒路面、绿色浇灌不使用市政自来水，得1分。

6.3.27 建材工程中采用关于水资源节约与循环利用的措施，评价总分值为4分，并按下列规则分别评分并累计：

 1 施工采用先进的节水施工工艺，得2分。

 2 管网和用水器具无渗漏，得1分。

 3 喷洒路面、绿色浇灌不使用市政自来水，得1分。

6.3.28 铁路工程中采用关于水资源节约与循环利用的措施，评价总分值为4分，并按下列规则分别评分并累计：

 1 铁路工程施工应优先采用经检测合格的非传统水源，得2分。

 2 铁路整条线用水控制联动，得1分。

 3 混凝土养护采用覆膜、喷淋等节水工艺，得1分。

6.3.29 公路工程中采用关于水资源节约与循环利用的措施，评价总分值为4分，并按下列规则分别评分并累计：

1 跨越敏感水体施工时，对施工产生的泥浆、废油等污染物进行收集，并有上岸处理措施，得2分。

2 制定、落实隧道防涌水及排水回收利用措施，得2分。

6.3.30 水运工程中采用关于水资源节约与循环利用的措施，评价总分值为4分，并按下列规则分别评分并累计：

1 优化施工方案，降低施工对冲淤环境、水质环境等方面的影响，得2分。

2 有效控制施工船舶生活、生产污水，以及船舶舱底油污水直接排入水体，得1分。

3 设置在海岛、海岸的无市政管网接入条件的工程项目，宜采用海水淡化系统，得1分。

6.3.31 水利工程中采用关于水资源节约与循环利用的措施，评价总分值为4分，并按下列规则分别评分并累计：

1 施工期生产、生活用水采用节水工艺的，得2分。

2 施工生产、生活废水经处理达标后排放的，得1分。

3 施工期生产、生活废水经处理，回用降尘、绿化等的，得1分。

6.3.32 市政园林工程中采用关于水资源节约与循环利用的措施，评价总分值为4分，并按下列规则分别评分并累计：

1 混凝土养护采用覆膜、喷淋等节水工艺；混凝土标准养护室采用雾化养护系统，得2分。

2 喷洒路面、绿化浇灌采用非市政自来水水源，得2分。

6.3.33 建筑工程中采用关于水资源节约与循环利用的措施，评价总分值为4分，并按下列规则分别评分并累计：

1 用水量节省不低于定额用水量的10%，得2分。

2 施工混凝土养护采用全自动控制设施系统；养护设备可周转使用，得1分。

3 施工现场采用海绵技术对雨水进行收集处理，得1分。

Ⅶ 能源节约与高效利用通用项

6.3.34 采取能源节约的措施，评价总分值为4分，并按下列规则分别评分并累计：

1 制订合理施工用能目标，提高施工能源利用率；能源消耗比定额用量节省不低于10%，得1分。

2 施工现场分别设定生产、生活、办公和施工设备的用电控制指标，定期进行计量、核算、对比分析，并有预防与纠正措施，得1分。

3 合理选择大、中、小型机械节能设备，得0.5分。

4 建筑材料设备的选用应根据就近原则，500km以内生产的建筑材料设备占比应大于70%，得1分。

5 节能照明灯具使用率达到100%，施工通道等区域采用声控延时等自动照明设备。临时用电节能灯具照明设计以满足最低照度为原则，不得超过最低照度的20%，得0.5分。

6.3.35 采取能源高效利用的措施，评价总分值为2分，并按下列规则分别评分并累计：

1 自然能源的利用超过施工用能30%，得1分。

2 临时用电应优先采用自动控制系统设备。采用无功补偿等措施提高设备能源效率，得1分。

Ⅷ 能源节约与高效利用专项

6.3.36 冶金工程中采用关于能源节约与高效利用的措施，评价总分值为4分，并按下列规则分别评分并累计：

1 废酸、废油应集中收集贮存，并由有资质单位处置，得2分。

2 照明灯具100%采用节能灯具；施工现场100%使用变频塔吊，得2分。

6.3.37 电力工程中采用关于能源节约与高效利用的措施，评价总分值为4分，并按下列规则分别评分并累计：

1 选用运输距离短的建筑材料；采用耗能少的施工工艺；合理安排施工工序和施工进度；尽量减少夜间作业和冬期施工时间，得2分。

2 达到额定负荷工况时进行保温结构外表面温度测量；完成保温工程施工质量热态验收，得2分。

6.3.38 建材工程中采用关于能源节约与高效利用的措施，评价总分值为4分，并按下列规则分别评分并累计：

1 选用运输距离短的建筑材料；采用耗能少的施工工艺；合理安排施工工序和施工进度；尽量减少夜间作业和冬期施工时间，得2分。

2 合理组织，高效作业，提高劳动生产率，得2分。

6.3.39 铁路工程中采用关于能源节约与高效利用的措施，评价总分值为4分，并按下列规则分别评分并累计：

1 临时用电设备应采用自动控制装置，得1分。

2 根据当地气候和自然资源条件，充分利用太阳能、地热等自然能源；预制梁、轨枕厂照明用电、生活用电优先使用风能或太阳能，得1分。

3 机械设备优先使用节能型设备，原有机械设备应根据运转情况进行节能更新改造，节约能源，得1分。

4 临建设施采用周转次数较高的节能材料；采用经济、美观、占地面积小、对周边地貌环境影响较小，且适合于施工平面布置动态调整的标准化装配式结构，如多层轻钢活动板房、钢骨架水泥活动板房等，得1分。

6.3.40 公路工程中采用关于能源节约与高效利用的措施，评价总分值为4分，并按下列规则分别评分并累计：

1 拌合站采用天然气、煤改气等清洁能源，得2分。

2 施工期采用集中供电、电网供电、油改气、温拌沥青等节能方法，得2分。

6.3.41 水运工程中采用关于能源节约与高效利用的措施，评价总分值为4分，并按下列规则评分：

施工期宜采用集中供电、电网供电、油改气等节能方法，得4分。

6.3.42 水利工程中采用关于能源节约与高效利用的措施，评价总分值为4分，并按下列规则分别评分并累计：

1 选用能耗低的施工设备的，得1分。

2 选用距离近的建筑材料的，得1分。

3 通过合理组织、管理，提高生产效率、减小设备空置率的，得2分。

6.3.43 市政园林工程中采用关于能源节约与高效利用的措施，评价总分值为4分，并按下列规则分别评分并累计：

1 临时房屋结合自然条件，合理采用自然采光、通风；使用热工性能达标的复合墙体和屋面板，顶棚宜采用吊顶；采取外窗遮阳、窗帘等防晒措施，得2分。

2 施工机具设备采用变频电机设备；用电设备采用自动控制装置，得2分。

6.3.44 建筑工程中采用关于能源节约与高效利用的措施，评价总分值为4分，并按下列规则分别评分并累计：

1 控制季节性施工的能源消耗，得2分。

2 降低能源消耗，提高自然能源利用的有效性，得2分。

6.4 绿色科技创新与应用

Ⅰ 通 用 项

6.4.1 采取有效的科研管理的措施，评价总分值为4分，并按下列规则分别评分并累计：

1 制订绿色建造科研计划、实施、研究及推广应用的管理体系、制度和方法，得2分。

2 应结合工程特点，立项开展有关绿色建造方面新技术、新工艺、新材料、新设备的开发和推广应用的研究。不断形成具有自主知识产权的创新技术、新施工工艺、工法。并由此替代传统工艺，提高各项量化指标，得2分。

6.4.2 采取推广技术应用的措施，评价总分值为5分，并按下列规则分别评分并累计：

1 通过采用《建设部推广应用和限制禁止使用技术公告》（建设部第218号公告）中的推广应用技术、"全国建设行业科技成果推广项目"或地方住房和城乡建设行政主管部门发布的推广项目等先进适用技术；采用BIM技术以及"建筑业10项新技术"，实现与提高绿色建造过程施工的各项指标，得4分。

2 推广自主研发的专利技术，取得明显经济和社会效益，得1分。

6.4.3 积极采取技术创新，评价总分值为7分，并按下列规则分别评分并累计：

1 积极采用信息化施工技术提升绿色建造施工技术水平。积极采用预制装配技术等提升绿色建造施工的工业化水平。以人为本，建造智能健康绿色建筑。不断革新传统工艺，提高绿色建造过程施工的各项指标，得4分。

2 自主创新形成具有自主知识产权、工法等，项目研究获得国家级、省部级科技奖项，得3分。

Ⅱ 专 项

6.4.4 冶金工程中采用关于绿色科技创新的措施，评价总分值为4分，并按下列规则分别评分并累计：

1 机电设备、管道安装实施模块化，得2分。

2 机电设备单体调试一次成功率达100%，得2分。

6.4.5 电力工程中采用关于绿色科技创新的措施，评价总分值为4分，并按下列规则分别评分并累计：

1 建设期间采用综合信息管理系统，如MIS系统等，得2分。

2 采用全厂综合安防系统，包括门禁一卡通、安防监控、公共广播、周界安防等系统，得2分。

6.4.6 建材工程中采用关于绿色科技创新的措施，评价总分值为4分，并按下列规则评分：

采用全厂综合安防系统，包括门禁一卡通、安防监控、公共广播、周界安防等系统，得4分。

6.4.7 铁路工程中采用关于绿色科技创新的措施，评价总分值为4分，并按下列规则分别评分并累计：

1 跨既有线连续梁，采用转体施工技术，得1分。

2 隧道采用信息化、机械化施工。道砟摊铺应采取合理的工艺，宜采用摊铺机施工。基地（或工厂）焊接长钢轨应采用闪光焊接，得1分。

3 长钢轨焊接应优先在工厂焊接，特殊情况下（如工期控制），经技术经济比选后，可在工厂化基地焊接；长钢轨现场单元焊或锁定焊，应优先采用闪光焊接，道岔内及道岔前后可使用铝热焊，特殊时经设计同意可采取其他适宜的工艺，得1分。

4 开展技术攻关，创新铁路专有技术，促进铁路行业发展，得1分。

6.4.8 公路工程中采用关于绿色科技创新的措施，评价总分值为4分，并按下列规则分别评分并累计：

1 工艺、装备的可靠性、先进性显著提升；施工智能化、信息化、自动化水平显著提升，得2分。

2 省级及以上交通运输主管部门认为具有全国或省内领先水平的技术工艺，具有示范借鉴推广价值，得2分。

6.4.9 水运工程中采用关于绿色科技创新的措施，评价总分值为4分，并按下列规则分别评分并累计：

1 工艺、装备的可靠性、先进性显著提升；施工智能化、信息化、自动化水平显著提升，得2分。

2 省级及以上交通运输主管部门认为具有全国或省内领先水平的技术工艺，具有示范借鉴推广价值，得2分。

6.4.10 水利工程中采用关于绿色科技创新的措施，评价总分值为4分，并按下列规则评分：

1 设备、工法的可靠性、先进性显著提升；施工智能化、信息化、自动化水平显著提升，得2分。

2 省级及以上水利主管部门认为具有省内或全国领先水平的技术工艺，具有示范借鉴推广价值，得 2 分。

6.4.11 市政园林工程中采用关于绿色科技创新的措施，评价总分值为 4 分，并按下列规则评分：

在装配式建造技术，信息化建造技术，高强钢、高强钢丝等新材料应用技术，高性能混凝土技术；现场废弃物减排及回收再利用技术等方面进行两项及以上创新的，得 4 分。

6.4.12 建筑工程中采用关于绿色科技创新的措施，评价总分值为 4 分，并按下列规则分别评分并累计：

1 获得国家级、省部级外部科研资金立项，得 1 分；

2 智慧化、信息化程度高，得 2 分；

3 精益化施工程度高，得 1 分。

6.5 绿色可持续发展

6.5.1 绿色建造过程施工成效，评价总分值为 3 分，并按下列规则分别评分并累计：

1 绿色建造过程有明显的经济效益，得 1 分。

2 绿色建造过程有明显的社会效益，得 1 分。

3 有对于生态环境和节约资源的分析总结，得 1 分。

6.5.2 建造过程绿色发展，评价总分值为 5 分，并按下列规则分别评分并累计：

1 图纸会审阶段，与设计协商有关新型环保、节能材料的采用、施工工艺的创新设计等。图纸审查中优化较大，且设计变更获得业主、设计及原施工图审查单位认可，实际取得较大施工优化效益，得 1 分。

2 施工方法的革新，对于规范明显落后于时代的发展，项目做好数据的分析、收集与资料的留存；并积极参加标准、对规程、规范等修订，得 1 分。

3 研究开发优化设计软件并积极开展优化设计，以使工程结构真正达到"安全、提高工效、减低成本"等，得 1 分。

4 建造过程以资源的高效利用为核心，建立一种可持续发展的、建造方法不断提升的建造方向。如：预制装配工业化等绿色建造施工技术开发进入企业标准，形成固定产品，不断深化应用于多个项目，得 1 分。

5 建造过程中不断采用优化设计和优化施工方案，减少建筑垃圾。加强材料循环利用。保护生态环境，减少对人类健康和环境的危害。施工实施过程遵循节能降耗、低碳发展的要求，得 1 分。

6.5.3 从业人员的健康与持续发展，评价总分值为 2 分，并按下列规则分别评分并累计：

1 为职工提供健康、安全的工作和生活环境；不断改善从业人员的工作环境与生活水平，保证职工的身体健康，得 1 分。

2 重视加强对施工人员的安全教育和技能提升的知识培训，得 0.5 分。

3 项目人才培养计划与梯队建设，为企业持续发展提供人力支持与保障，得 0.5 分。

7 绿色建造运营水平评价

7.1 总体管理

7.1.1 绿色建造运营总目标策划，评价总分值为 8 分，并按下列规则分别评分并累计：

1 绿色建造运营总目标系统性强、科学合理，得 5 分。

2 绿色建造运营总目标具有较强针对性，得 3 分。

7.1.2 绿色建造运营协调机制，评价总分值为 8 分，并按下列规则分别评分并累计：

1 绿色建造运营总目标分解合理，得 3 分。

2 确保绿色建造运营总目标实现的管理手段完备，得 5 分。

7.1.3 绿色建造运营行为的监督检查和考核管理，评价总分值为 11 分，并按下列规则分别评分并累计：
  1 绿色建造运营行为的督促检查和考核管理完备，得 5 分。
  2 进行绿色建造运营方案评审，得 3 分。
  3 绿色建造运营规划科学合理，得 3 分。

7.2 协 调 性

7.2.1 人文协调性，评价总分值为 12 分，并按下列规则分别评分并累计：
  1 劳动者、住户、业主、服务设备商、项目团队、社区、政府等部门的满意度高，得 4 分。
  2 交通和公共设施便利，得 4 分。
  3 产品品质和舒适度高，得 4 分。

7.2.2 其他协调性，评价总分值为 6 分，并按下列规则分别评分并累计：
  1 项目能与"一带一路"沿线各国的人文环境相协调，给当地民众带来福祉，得 3 分。
  2 与项目所在地的自然、历史、文化、建筑理念相协调，得 3 分。

7.3 环境和资源

7.3.1 环境指标，评价总分值为 16 分，并按下列规则分别评分并累计：
  1 不对当地的山、水、林、田、湖、草、沙造成污染，得 4 分。
  2 严格控制大气污染物的排放量；大气污染物经过处理后达到项目所在地的标准，得 3 分。
  3 严格控制污水排放量；污水经过处理后达到项目所在地的标准，得 3 分。
  4 严格控制固体废物的排放量；固体废弃物经过处理后达到项目所在地的标准，得 3 分。
  5 严格控制声、光、振动、电磁等污染，得 3 分。

7.3.2 资源指标，评价总分值为 20 分，并按下列规则分别评分并累计：
  1 采取有效的节约能源措施，得 5 分。
  2 采取有效的节约水资源措施，得 5 分。
  3 采取有效的节约材料资源措施，得 5 分。
  4 采取有效的节约土地资源措施，得 5 分。

7.4 创 新

7.4.1 有显著的科技创新，得 7 分。
7.4.2 有显著的管理创新，得 3 分。

7.5 效 益

7.5.1 对项目的经济效益进行分析，进行运维成本、内部收益的分析，分析结果表明项目具有很好的经济效益，得 5 分。

7.5.2 对项目的社会效益进行分析，进行工期缩短、施工风险降低、新型就业增加等方面的分析，分析结果表明项目具有很好的社会效益，得 5 分。

附录 A 绿色建造施工水平评价方法

A.0.1 应对绿色施工过程进行评价。

A.0.2 自评价、现场检查等应结合技术指标综合进行分析评价，基本项完成情况较好，且具有先进措施项情况的，该项得分可得对应分值的 95%以上（含）。

A.0.3 每个施工阶段至少应进行一次评价，每个季度至少增加一次评价；施工阶段评价最后得分为该施工阶段多次评价得分的平均值。

A.0.4 绿色施工单位工程评价在绿色施工阶段评价完成的基础上进行，单位工程绿色施工评价得分按下式计算：

$$U = \Sigma(S \times \beta) \tag{A.0.4}$$

式中：U——单位工程评价得分；
S——施工阶段评价得分；
β——单位工程阶段权重系数。

A.0.5 绿色施工的施工阶段划分及权重系数如表 A.0.5 所示：

表 A.0.5 绿色施工阶段划分及权重系数表

工业建设工程	冶金工程		阶段	地基与基础		主体结构工程		机电安装工程	
			权重	0.3		0.3		0.4	
	电力工程		阶段	地基与基础	主体结构工程	装饰装修	设备及安装工程	单机试运	分系统和整套启动试运
			权重	0.2	0.2	0.1	0.3	0.1	0.1
	建材工程		阶段	地基与基础		主体结构工程		机电安装工程	
			权重	0.2		0.3		0.5	
交通工程	铁路工程	路基工程	阶段	地基与基础		路基主体工程		路基附属工程	
			权重	0.2		0.6		0.2	
		桥涵工程	阶段	地基与基础		桥涵主体工程		桥涵附属工程	
			权重	0.3		0.5		0.2	
		隧道工程	阶段	洞口工程		隧道主体工程		隧道附属工程	
			权重	0.1		0.7		0.2	
		无砟轨道	阶段	道床		铺轨		精调	
			权重	0.5		0.35		0.15	
		有砟轨道	阶段	铺底砟		铺轨		上砟整修	
			权重	0.1		0.7		0.2	
		站场设备	阶段	地基与基础		主体结构		附属工程	
			权重	0.2		0.7		0.1	
		四电工程	阶段	地基与基础		设备安装		设备调试	
			权重	0.2		0.7		0.1	

续表 A.0.5

			阶段/权重			
交通工程	公路工程	工地建设	阶段	驻地	场站建设	临时工程
			权重	0.2	0.4	0.4
		路基工程	阶段	地基与基础工程	路基主体工程	路基附属工程
			权重	0.5	0.3	0.2
		桥梁工程	阶段	基础及下部构造	上部结构工程	桥面系及附属
			权重	0.5	0.3	0.2
		隧道工程	阶段	洞口工程	洞身开挖与衬砌	隧道附属工程
			权重	0.3	0.6	0.1
		路面及附属工程	阶段	路面工程		附属工程
			权重	0.8		0.2
		交通机电工程	阶段	设施安装		设施调试
			权重	0.8		0.2
	水运工程	疏浚工程	阶段	疏浚工程		
			权重	1.0		
		吹填工程	阶段	吹填及围堰工程		
			权重	1.0		
		炸礁工程	阶段	炸礁工程		
			权重	1.0		
		码头、防波堤、护岸、堆场、道路、船闸、船坞、航道整治、建筑物工程等	阶段	地基与基础	主体结构	附属设施
			权重	0.4	0.5	0.1
		设备及安装工程	阶段	设备制作及安装		设备调试
			权重	0.8		0.2
		航标工程	阶段	基础工程	制作与安装	附属设施
			权重	0.3	0.6	0.1
	水利工程		阶段	工程筹建与准备期	主体工程施工期	工程完建期
			权重	0.1	0.8	0.1
市政园林工程	道路桥梁工程		阶段	地基与基础	主体结构工程	路（桥）面及附属工程
			权重	0.45	0.45	0.1
	给水排水工程		阶段	地基与基础	主体结构工程	设备及安装工程
			权重	0.3	0.4	0.3
	轨道交通工程		阶段	地基与基础	主体结构工程	路（桥）面及附属工程
			权重	0.4	0.5	0.1

续表 A.0.5

市政园林工程	园林景观工程	阶段	地形塑造	构筑物及园路铺装	苗木种植
		权重	0.2	0.4	0.4
	城市防洪与驳岸工程	阶段	地基与基础	主体结构工程	附属工程
		权重	0.5	0.4	0.1
建筑工程		阶段	地基与基础	主体结构工程	装饰装修与机电安装
		权重	0.3	0.4	0.3

注：根据各行业具体项目的不同情况，可自行科学分析确定不同的施工阶段（包括增加施工阶段）及相应阶段的权重系数。

本标准用词说明

1 为便于在执行本标准条文时区别对待,对要求严格程度不同的用词说明如下:

 1)表示很严格,非这样做不可的:
  正面词采用"必须";反面词采用"严禁"。

 2)表示严格,在正常情况下均应这样做的:
  正面词采用"应";反面词采用"不应"或"不得"。

 3)对表示允许稍有选择,在条件许可时应首先这样做的:
  正面词采用"宜";反面词采用"不宜"。

 4)表示有选择,在一定条件可以这样做,采用"可"。

2 条文中指明应按其他有关标准执行的写法为"应符合……的规定"或"应按……执行"。

引用标准名录

1 《工业企业噪声控制设计规范》GB/T 50087
2 《钢铁企业总图运输设计规范》GB 50603
3 《民用建筑能耗标准》GB/T 51161
4 《建筑碳排放计算标准》GB/T 51366
5 《污水综合排放标准》GB 8978
6 《建筑施工场界环境噪声排放标准》GB 12523
7 《大气污染物综合排放标准》GB 16297
8 《水泥单位产品能源消耗限额》GB 16780
9 《用能单位能源计量器具配备和管理通则》GB 17167
10 《第二代新型干法水泥技术装备验收规程》T/CBMF 6
11 《硅酸盐水泥熟料单位产品碳排放限值》T/CBMF 41
12 《钢铁企业绿色工厂设计指标体系》T/CSM 16

团 体 标 准

工程建设项目绿色建造水平评价标准

T/ZSQX 017-2022

条 文 说 明

目　次

1 总则 ·· 81
2 术语 ·· 81
3 基本规定 ·· 81
　3.1 一般规定 ·· 81
　3.2 绿色建造前期管理 ·· 82
　3.3 绿色建造设计 ·· 82
　3.4 绿色建造施工 ·· 83
　3.5 绿色建造运营 ·· 83
　3.6 评价和等级划分 ··· 84
4 绿色建造前期管理水平评价 ·· 84
5 绿色建造设计水平评价 ··· 84
　5.1 冶金工程 ·· 84
　5.2 有色金属工程 ·· 86
　5.3 石化工程 ·· 89
　5.4 电力工程（发电工程）··· 89
　5.5 电力工程（输电线路工程）·· 90
　5.6 电力工程（变电站工程）··· 90
　5.7 电力工程（新能源工程）··· 91
　5.8 建材工程 ·· 92
　5.9 铁路工程 ·· 92
　5.10 公路工程 ··· 94
　5.11 水运工程 ··· 95
　5.12 水利工程 ··· 97
　5.13 信息通信设备与线路工程 ··· 98
　5.14 信息通信建筑与电源工程 ··· 99
　5.15 道路工程 ··· 101
　5.16 桥梁工程 ··· 103
　5.17 给水排水工程 ·· 104
　5.18 轨道交通工程 ·· 105
　5.19 园林景观工程 ·· 110
　5.20 城市防洪与河湖整治工程 ·· 111
　5.21 建筑工程 ··· 113
6 绿色建造施工水平评价 ··· 114
　6.1 施工管理 ·· 114
　6.2 环境保护与安全 ··· 114
　6.3 资源节约与循环利用 ·· 116
　6.4 绿色科技创新与应用 ·· 120

  6.5 绿色可持续发展 ··· 120
7 绿色建造运营水平评价 ·· 121
  7.1 总体管理 ··· 121
  7.2 协调性 ·· 121
  7.3 环境和资源 ·· 121
  7.4 创新 ··· 121
  7.5 效益 ··· 121

1 总　　则

1.0.1 本标准旨在贯彻国家绿色低碳发展理念，推进可持续发展，规范工程建设项目绿色建造评价方法，促进工程建设项目相关方实行绿色建造。

1.0.2 本标准适用于工程建设项目全过程绿色建造评价。根据具体情况，参建各方也可选取工程建设的前期管理、设计、施工、运营等某一阶段单独开展绿色建造水平评价。

1.0.3 国家现行有关标准的规定包括但不限于各行业质量、环保、职业健康等相关国家标准。

2 术　　语

本章仅将本标准出现的重要术语列出。术语的解释，其中部分是国际公认的定义，但大部分是概括性的含义，并非国际或国家公认的定义。术语的英文名称不是标准化名称，仅供引用时参考。

3 基 本 规 定

3.1 一 般 规 定

3.1.1 绿色发展根本是为了人，生态优先，节约资源是可持续发展的基础。

3.1.2 项目绿色建造前期管理阶段是工程项目建设最关键的阶段之一，建设单位应根据建设项目所处区域的自然、社会、技术发展水平、建设条件、建设成本和收益等条件，科学地制定项目的绿色建造总目标，并实现已形成的策划方案。

3.1.3 建设项目的绿色建造总目标包含了安全耐久、资源环境、创新协调、科学发展、舒适便捷、综合效益等方面的目标，也可根据具体情况，设定质量、碳排放等针对性单项目标。

3.1.4 根据我国实际情况，建设单位在工程项目建设全过程处于核心地位，应负责建立工程建设项目绿色建造管理（绿色建造前期管理、绿色建造设计、绿色建造施工、绿色建造运营）的协调机制。

3.1.5 应实行项目法人责任制，落实绿色建造的责任主体。工程总承包（EPC）（以下简称 EPC）是推动设计、施工深度融合的工程建设模式，有利于提高工程建设项目的绿色建造水平。

3.1.6 建设单位应通过具有较强约束力的工程项目招标及合同等手段，将建设项目的绿色建造总目标分解到各建设阶段、各参建单位。各参建单位在合同的约束下，根据建设项目的绿色建造总目标及合同约定，确定和完成各自相应的绿色目标。

3.1.7 建设单位在工程建设阶段应履行下列职责：

1 依据合同对绿色建造行为进行督促检查及考核管理；

2 组织并参与绿色建造前期咨询、绿色建造设计、绿色建造施工、绿色建造运营方案的评审，对各参建单位落实绿色建造总目标的情况进行监督和推进；

3 根据项目目前实际情况，在条件允许时，建设单位应承担部分绿色投入，在编制工程估算、概预算时，为绿色建造管理、技术创新列支相应的专项费用；

4 考虑建设单位在工程建设全过程的核心地位，应负责在工程项目建设过程中管理协调参建各方的绿色建造行为。

3.1.8 "低碳"是工程项目"绿色"的一个重要组成部分，本评价标准在全生命周期的评价中充分强调了"低碳"理念，紧扣我国提出的"双碳"目标。如：在前期管理阶段提出采取降低碳排放、增加碳吸收的措施，降低工程全生命周期内的碳排放总量的总体要求，以及设置节能与再生能源利用、节水与雨水、污水综合利用、节材与绿色可循环材料等方面的低碳指标；在设计阶段设置因地制宜、安全耐久、标准化、模块化、充分循环利用自然资源和公共资源、采用高效节能设备、采用太阳能、风能类清洁能源等低碳设计指标；在施工阶段提出降低建筑材料损耗率、选用绿色建材、提高建筑垃圾资源化利用率等要求，并设置水土污染控制、建筑垃圾控制及回收利用、水资源循环利用、能源节约等低碳施工指标；在运营阶段提出智能化绿色生态化稳定运行、优化用能结构、减少能源消耗和碳排放的要求，并设置节能管理、节水管理、可再生资源利用管理及能耗评估等指标。通过在全生命周期中设置"低碳"指标，引导工程建设全过程走向"低碳"。

碳排放统计核算是做好碳达峰、碳中和工作的重要基础，目前我国正抓紧建立统一规范的碳排放统计核算体系。本标准要求在项目施工和运营阶段进行碳排放统计监测，以便为碳排放核算提供基础数据支撑。

3.2 绿色建造前期管理

3.2.1 根据我国目前项目的审批及决策程序，工程项目前期管理阶段一般包括编制初步可行性研究报告（项目建议书）、可行性研究报告和项目评估及决策等。

3.2.2 项目的绿色总目标的设置应合理，应基于项目所处区域的自然、社会、技术水平、建设条件、建设成本和收益基准等来制定，根据建设单位自身能力的不同，也可委托专业咨询机构组织研究制定。

3.2.3 项目应充分考虑当地的社会、历史、经济、文化等条件，注重协调性，综合考虑包括主要原材料、技术方案、土地利用与空间布局、交通、能源、水资源、资源循环利用、环境保护等可行性，注重创新，以全生命周期成本分析的方法，实现经济、社会、环境综合协调可持续发展。

3.2.4 工程项目主要原材料应尽可能采用绿色建筑材料。绿色建筑材料一般指采用清洁生产技术、少用天然资源和能源、大量使用工业或城市固态废物生产的无毒、无污染、利于人体健康的建筑材料。

3.2.5 工程项目主要技术方案应采用绿色技术方案。绿色技术一般是指能减少污染、降低消耗和改善生态的技术体系。

3.2.6 本条给出了土地利用和空间布局的集约原则。还应充分考虑地下空间的利用，营造更为便利、舒适的生产、生活空间。

3.2.7 本条给出了项目场内外交通运输应遵循的原则。应综合考虑构建多层次的绿色交通运输系统（铁路、水运、公路交通等），优化交通设计，引导绿色交通，减少交通碳排放。

3.2.8 工程项目能源利用要因地制宜地对当地的能源条件进行认真的规划与评估。以构建安全、经济、清洁、高效、可持续的项目能源体系为目标，对各种能源利用方式进行对比，从而确定最为合理最为节能的系统，提高能源、使用效率。

3.2.9 中国是一个缺水的国家，水资源分布极不均匀。坚持节约用水是最基本的原则。水资源状况与项目所在区域的地理条件、城市发展状况、气候条件等有密切关系。水资源不仅包括传统区域中的自来水、污水、废水，还包括项目所在区域可使用的雨水资源、再生水资源以及地下水资源、地表河湖水等，其中雨水与再生水资源的开发利用应作为重点内容。水资源利用应贯彻海绵系统理念。

3.2.10 工程项目应考虑资源循环利用，固体废弃物应以减量化、资源化和无害化为原则，鼓励绿色生产方式，提出固体废弃物资源化利用指标，优化处置方案等。

3.3 绿色建造设计

3.3.1～3.3.3 绿色勘测应将绿色发展理念贯穿于勘察测量活动中，减少对生态环境和水土资源的扰动或破坏，减少占地和环境污染物排放。勘测活动中应注重科技创新，通过科技创新实现资源的节约和环境的保护。

3.3.4、3.3.5 勘测应尽量减少占地，减少临建设施。应注重对地表土体和地表植物的保护，能恢复的应尽量恢复。对挖方边坡应做好支护，预防地质灾害的发生。

3.3.6～3.3.10 应加强勘测施工现场的管理，做到文明施工。施工机具应轻量化、小型化、智能化，最大限度地减小对环境的影响。勘测施工的噪声控制、扬尘控制、振动控制应达到国家标准和地方标准。

3.3.11 应开展绿色建造设计总体策划，将绿色建造前期策划制订的绿色建造总目标落实到具体方案设计、初步设计、施工图设计等设计环节，确保绿色建造总目标的实现。

3.3.12 应从各行业建设工程项目的主体工程和配套工程（含厂区／矿区内的自备电站、道路、专用铁路、通信、各种管网管线和配套的建筑物等全部配套工程）以及与主体工程、配套工程相关的工艺、土木、建筑、消防、安全、卫生、防雷、抗震、照明工程等方面，努力提高设计的先进性水平。

3.3.13 绿色建造设计是通过精心设计、科技创新实现"大保护""大节约"，是绿色之"本"。应从安全耐久、资源环境、创新协调、科学发展、舒适便捷、综合效益等方面，努力提高设计的绿色水平。

3.3.14 绿色建造设计应积极开展绿色新技术创新，选用绿色可循环的建筑材料，积极推行标准化和装配化设计。预制装配式建造技术将诸多现场施工工艺转化到工厂进行，显著地提高了建设质量，并降低了对环境的影响。高性能、高强度材料的应用也有利于提高资源利用效率和结构使用寿命。交通运输部2016年发布的《关于实施绿色公路建设的指导意见》提出，"鼓励工程构件生产工厂化与现场施工装配化，注重工程质量，提高工程耐久性，实现工程内外品质的全面提升"。积极应用高性能混凝土，保证结构使用寿命，有效降低公路运营养护成本。

3.3.15 提高项目的绿色性能不能以牺牲经济效益和社会效益为代价，只有在提高项目的绿色性能的同时兼具良好的效益，方可实现可持续发展。

3.3.16、3.3.17 总体设计对工程设计、施工、运营全过程绿色水平起决定性的作用，合理的总体设计是实现全过程的"大保护""大节约"的前提。设计时如能充分考虑施工方案和后期运维方案则更容易实现全生命周期的绿色。对于山区公路，在设计时应充分考虑如果总体设计不合理，出现挖填严重不平衡的情况，土方外运量极大，那么不管绿色施工多么精心管理，建筑垃圾产生量这项指标都是巨大的数值。在一些山区公路工程中，总体设计与地形相适应，采取随山就势，结合具体情况，高填方、深挖方路段以桥隧代替的方法，不仅减少了土地资源占用，节约用地，还减小了对自然植被的影响，取得了良好的绿色效益。对于市政污水，如果选择了碳排放高的方式处理，则在后期运营中无论采用什么先进的方式，也很难达到全生命周期的绿色性。

3.3.18 永临结合可以将施工时的临时结构和永久结构有机结合，节省材料，值得推广。

3.3.19、3.3.20 条文说明同第3.3.14条。

3.3.21、3.3.22 设计中应注重信息化技术的运用。通过信息化的手段增加信息共享，提高设计效率。同时应采用统一的信息传递方式，方便设计数据向施工和运营方传递，满足施工和运营的要求。单个项目的信息化模型应能有效融入城市的信息化模型中，实现整个区域的信息化和智慧化。

3.4 绿色建造施工

3.4.1 绿色施工组织设计应包括但不限于下列内容：① 工程概况；② 编制依据；③ 绿色施工目标；④ 绿色施工管理组织机构及职责；⑤ 绿色施工部署；⑥ 绿色施工具体措施；⑦ 应急预案措施；⑧ 附图等。绿色施工方案应包含① 工程概况；② 绿色施工目标；③ 环境保护；④ 节材与材料资源利用；⑤ 节水与水资源利用；⑥ 节能与能源利用；⑦ 节地与土地资源保护；⑧ 人力资源节约与职业健康管理；⑨ 创新与创效等方面的具体技术细节。

3.4.2 施工图实施性图纸审查优化工作，应基于优化设计但不降低设计标准的原则进行。主要包含绿色设计目标分解、改进施工方案，主材、基础形式调整，基坑支护方案制定等。

3.4.3 施工方案的制定应遵循因地制宜的原则，结合工程所在地域的气候、环境、资源、经济及文化等特点，制定合理的施工措施，达到"四节一环保"的目标。

3.5 绿色建造运营

3.5.1、3.5.2 绿色运营应基于前期的绿色建造总目标开展实施，建立具体的实施措施，并在实践中验证总目标的合理性。

3.5.3、3.5.4 要贯彻过程控制理念，加强绿色建造运营管理。运营的全过程中坚持选用可再生、可循环的材料，提高资源利用率，降低能耗。

3.6 评价和等级划分

3.6.1 工程项目绿色评价有两种方式，第一种为工程建设项目绿色建造水平全过程评价，可包括绿色建造前期管理水平评价、绿色建造设计水平评价、绿色建造施工水平评价、绿色建造运营水平评价四个阶段，考虑到目前前期管理水平评价和运营水平评价较为困难，也可仅包含绿色建造设计水平评价、绿色建造施工水平评价两个阶段；第二种为工程项目单阶段评价，是对项目绿色建造前期管理水平、绿色建造设计水平、绿色建造施工水平、绿色建造运营水平独立开展单阶段评价。

3.6.2 本条明确了各不同评价方式的责任主体。

3.6.3 本条对绿色建造前期管理水平评价的等级划分进行了规定。将最终的水平分为四个等级，即：一等成果、二等成果、三等成果、不评价。权重及等级划分界线的确定主要基于专家咨询法。

3.6.4 本条对绿色建造设计水平评价的四个方面的权重和等级划分进行了规定。将最终的设计水平分为四个等级，即：一等成果、二等成果、三等成果、不评价。权重及等级划分界线的确定主要基于专家咨询法。

3.6.5 本条对绿色建造施工水平的各项指标的权重及最终评分的分级界线进行了规定。将施工水平划分为四个等级，即：三星、二星、一星和不评价。权重及等级划分界线的确定主要基于专家咨询法。

3.6.6 本条对工程建设项目绿色建造水平评价的指标权重和等级划分界线进行了规定。该评价应在绿色建造前期管理水平评价、绿色建造设计水平评价、绿色建造施工水平评价、绿色建造运营水平评价之后展开，若运营阶段不参与评价则在绿色建造设计水平评价和绿色建造施工水平评价之后展开。根据最终的评价总分可将项目的绿色建造水平划分为四个等级，即：国际领先、国际先进、国内领先、国内先进。

4 绿色建造前期管理水平评价

4.0.1 本条从协调性、环保、节能、节材、节地、舒适便捷、创新、效益等几个方面给出了绿色目标。本标准加入创新性和效益性指标的规定，是为了避免在执行的过程中为了实现绿色性指标而造成过度浪费，从而导致很低的经济效益和社会效益。工程项目可根据项目具体情况进行选取。

4.0.2 工程项目前期管理阶段应在分析项目的技术、经济、社会、环境、建设条件等的基础上，最终设定项目达到的绿色总目标，目标包含协调性、环境、能源、材料、水资源、土地、舒适便捷、创新性、效益等多方面，这些目标设置是否科学合理是绿色建造前期管理的关键。

5 绿色建造设计水平评价

5.1 冶 金 工 程

I 先进性评价

5.1.1 烧结、球团工序工艺设计技术指标需达到《钢铁行业（烧结、球团）清洁生产评价指标体系》国际清洁生产领先水平；炼铁工艺技术指标达到《钢铁行业(高炉炼铁)清洁生产评价指标体系》国际清洁生产领先水平；炼钢工艺技术指标达到《钢铁行业(炼钢)清洁生产评价指标体系》国际清洁生产领先水平；轧钢工艺技术指标达到《钢铁行业(钢压延加工)清洁生产评价指标体系》国际清洁生产领先水平。

能源管理中心是为实现钢铁企业生产过程中所需各种能源协调平衡与优化利用的管理系统，能够监控钢铁企业能源购入贮存、加工转换、输送分配、最终使用全过程，对于钢铁企业节能具有重要意义。

行业标准《排污许可证申请与核发技术规范 钢铁工业》HJ 846-2017 中列出了钢铁原料系统、烧结、球团、炼铁炼钢、轧钢、共用单元各个工序污染防治可行技术，这些技术原则上被认为具备达到现行标准的能力。

5.1.2 钢铁企业主体装备主要从大型化角度考虑，装备大型化有利于节能减排，也有利于再生资源综合利用。

5.1.3 热压延工序中的钢材综合成材率、钢材质量合格率，冷压延工序中的板材合格率、板材成材率均达到《钢铁行业(钢压延加工)清洁生产评价指标体系》清洁生产国际领先水平。

5.1.5 主要从节地与可持续发展的场地、节能与能源利用、节水与水资源利用、节材与材料资源利用角度对建筑设计提出要求。

5.1.7 给水排水系统设计中选用的工艺、设备、器具和产品应为节水和节能型。生活用水使用较高用水效率等级的卫生器具，循环冷却水系统采用高效节水设备或技术。

5.1.8 暖通设计应结合工艺需求、生产班制、建筑功能、所在地区气象条件、能源状况、能源政策、环保及经济等要求，优先合理利用自然通风；根据工艺生产需要及室内外气象条件，空调制冷系统合理利用天然冷源，正确选用冷冻水供回水温度，应加强余热、余压、余能等二次能源回收利用。在满足生产工艺条件下，空调系统的划分、送回风方式合理并节能有效。

风机及设备选型合理，风机设计工作点位于高效工作区，应采用先进、节能技术和装备，减少能源消耗，设备能效等级高，阻损小，噪声低，介质消耗少。

热源选择应根据工艺需求、生产班制、建筑功能、所在地区气象条件、能源状况、能源政策、环保及经济等要求，优先使用工业可回收热能、太阳能、地热能或风能。

Ⅱ 绿色性评价

5.1.10 钢铁企业属于高污染高能耗项目，选址需要满足国家钢铁产业发展政策及地方相关准入条件；钢铁企业厂外运输量大、费用高，是确定厂址的重要因素之一。因此在厂址选择时，需要根据原燃料及成品运输量，厂址至原料、燃料供应地及成品销售地的运输距离、运输条件及运输方式。

《中华人民共和国土地管理法》中规定"严格限制农用地转为建设用地，控制建设用地总量，对耕地实行特殊保护"。

本条规定了钢铁企业平面布置的一般规定，确保厂内物流、介质流及人流短捷、顺畅。

竖向布置与总平面布置是厂区总图设计中两个不可分割的有机体，需要同时考虑，才能使两者相互协调，使总图设计技术上可行、经济上合理。

为保护人群健康，减少正常排放条件下大气污染物对居住区的环境影响，在项目厂界外设置的大气环境防护距离应符合行业标准《环境影响评价技术导则 大气环境》HJ 2.2-2018 的规定。

卫生防护距离是指在正常生产条件下，无组织排放的有害气体自生产单元边界到居住区满足国家标准《环境空气质量标准》GB 3095-2012 和《工业企业设计卫生标准》GBZ 1-2010 规定的居住区容许浓度限值所需的最小距离。大气环境防护距离和卫生防护距离范围内均不应有长期居住的人群。

根据钢铁项目粗钢规模，对吨钢用地指标进行限制。

5.1.11 钢铁产业是国民经济的重要基础产业，是实现工业化的支撑产业，是技术、资金、资源、能源密集型产业，钢铁产业的发展需要综合平衡各种外部条件。我国是一个发展中大国，在经济发展的相当长时期内钢铁需求较大，产量已多年居世界第一，但钢铁产业的技术水平和物耗与国际先进水平相比还有差距，今后发展重点是技术升级和结构调整。为提高钢铁工业整体技术水平，推进结构调整，改善产业布局，发展循环经济，降低物耗能耗，重视环境保护，提高企业综合竞争力，实现产业升级，把钢铁产业发展成在数量、质量、品种上基本满足国民经济和社会发展需求，具有国际竞争力的产业，依据有关法律法规和钢铁行业面临的国内外形势，制定钢铁产业发展政策，以指导钢铁产业的健康发展。

要求对生产过程中产生的煤气资源、热力资源、压力资源进行回收并充分利用。

充分利用生产厂区的建（构）筑物建设和使用清洁可再生能源。

目前高耗能行业要求拟建、在建项目应对照能效标杆水平实施建设，所以在设计阶段按照先进值能耗标准进行设计。

5.1.12 工艺工序源头节水是最大的节水节能。新建、改扩建工程项目应采用先进的节水工艺、技术和设备；严禁采用落后的、被淘汰的高耗水工艺、技术和设备。国家每年定期发布《淘汰落后的高耗水工艺和设备（产品）目录》和《鼓励使用的节水工艺和设备（产品）目录》。设计人员应严格执行。

钢铁企业的水源选择应统筹规划、开源节流、合理利用水资源，并应开发利用非传统水源。

各车间或机组生产用水对水质要求不同时，应采用分质供水，不宜将高质水用于低质水用户。高质水在制备过程中自耗水量较大，因此，减少不必要的高质水用量是节水的有效措施。循环供水、串级供水并提高浓缩倍数可减少排污水量，是循环水系统最有效的节水措施。

钢铁企业建设项目的给水排水计量设施是企业节水管理、排水管理及其监控最基本的措施，使企业节水减排管理由定性管理转化为定量管理。

钢铁企业各车间生产排水水质差别较大，相应废水处理后的回用水种类较多，依据各车间生产用水对水质的不同要求，充分利用不同水质的回用水，最大限度节约工业新水用量，是节水实施的有效途径。同时可减少不必要废水处理或废水深度处理的自耗水量和成本。

废水处理及其回用设施是工程建设项目节水设施的重要组成部分，是钢铁企业提高水的重复利用率、减少排污、实现废水零排放、保护水资源的前提条件。

多雨地区或严重缺水的地区应进行雨水资源开发利用。多雨地区的雨水水质较好，一般进行简易澄清加过滤处理即可用作工业新水使用；严重缺水地区进行雨水资源开发利用是水资源开发最有效的途径之一，具有长远意义。钢铁企业宜自建雨水收集、储存、处理、输配等雨水利用设施。

5.1.13 根据碳达峰、碳中和政策要求，需要对钢铁企业尾气排放进行固碳。

提倡"固废不出厂"理念，最大程度回收利用钢铁企业各个工序产生的固体废物。

5.1.14 源头减排是实现减少污染物总量最重要的举措，从源头控制污染物的产生，能降低污染治理过程中的压力，减少能源浪费。

从废气有组织治理、无组织管控、废水治理和固体废物合理处置角度，对钢铁设计提出要求。

废气在线监测应符合《关于推进实施钢铁行业超低排放的意见（环大气〔2019〕35号）》的要求。

废水在线监测应符合行业标准《排污单位自行监测技术指南 钢铁工业及炼焦化学工业》HJ 878-2017的要求。

Ⅳ 效 益 评 价

5.1.18 钢铁厂在给城市发展做出一定贡献的同时，能耗高、污染重等问题凸显，为了减少搬迁转移，在加大节能环保投入的同时，需要做好与城市发展的边界控制，强化企业与城市的相容性，如处理城市垃圾、市政污水、向城市提供蒸汽、电力等能源。

5.2 有色金属工程

Ⅰ 先进性评价

5.2.1 有色金属工程涵盖有色矿山、有色金属冶炼、压延加工、二次原料回收再生等项目，具有金属品种多、多元素资源共生、工艺流程复杂等特点，选择的工艺和装备是否先进，决定了项目的整体先进水平，对工程设计、施工、运营全过程绿色水平起决定性的作用。

资源开发应与环境保护、资源保护、城乡建设相协调，最大限度减少对自然环境的扰动和破坏，选择资源节约型、环境友好型开发方式。在"坚持保护和合理开发利用原则"基础上，根据资源赋存状况、地质条件、生态环境特征等条件，因地制宜选择合理的开采顺序、开采方法。优先选择资源利用率高，且对矿区生态破坏小的工艺技术与装备。在开采主要矿产的同时，对具有工业价值的共生和伴生矿产应统一规划、综合开采、综合利用、防止浪费；对暂时不能综合开采或应同时采出而暂时还不能综合利用的矿产，应采取有效的保护措施。还应贯彻"边开采、边治理、边恢复"的原则，及时治理恢复矿山地质环境，复垦矿山占用土地和损毁土地。

选矿设计采用的选矿工艺流程及产品方案，应在充分的选矿试验基础上制定，主金属及伴生元素得到充分利用；对复杂难处理矿石宜采用创新的工艺技术降低能耗，提高技术经济指标，或者采用选冶联合工艺；选矿工艺宜选用高效、低毒对环境影响小的选矿药剂，产生有害气体的厂房，应设置通风设施，氰化药剂室应单独隔离且完全封闭。其他冶金工程的设计应根据原料特性、工厂规模考虑工艺流程先进性、成熟性、过程的连续性、过程控制自动化与智能化、单位产品综合能耗的先进性、操作岗位环境职业卫生条件良好性、产品质量优质性、废弃排放的渣、气、水的安全性，应尽可能地回收有价金属，减少废渣的产量。工程选用的设备应当是新型的节能产品，设备具有智能连锁、智能保护和通信。

5.2.2 有色金属矿山、冶炼设备大多在高温、多粉尘、重载、强腐蚀、强磁场等恶劣条件下持续工作，因此设备设计的首要原则是安全可靠、经久耐用、技术先进、经济合理。设计应从总体方案、驱动形式、控制要求、机械结构、力学分析、材料选择、防腐保护等关键技术环节和制造装配、包装运输、安装调试、运行安全、检修维护等全生命周期来考虑，不仅要实现设备的各项功能要求，还要保证在其工况条件下安全、稳定、持久运行。

随着有色金属行业绿色化、智能化进程的不断加快，设备又被赋予了"节能环保、智能高效"的新内涵。绿色智能矿山冶炼设备应具有能耗低，效率高，能自我检测、自我诊断、自我调节，可替代高危恶劣环境下人工作业等特点。设备设计考虑专有化、大型化、长寿命、易维护、低能耗可显著提高经济效益，甚至解决行业共性问题，进而推广应用带动行业技术进步。

5.2.3 有色金属工业建筑设计应考虑所在地区的特点，采用高性能、低材耗、耐久性好的新型建筑体系，选用可循环、可回用和可再生的建材，采用工业化生产的成品，采用预制混凝土装配式、钢结构、模块化的设计方案，提高工厂化预制水平，减少现场作业，为绿色施工创造条件；绿色工业建筑应倡导设计统筹规划、循环经济的理念，挖掘节地、节能、节水、节材的潜力。通过减少异型平面，交通流线布置简洁等手段达到节地的目的；通过采用中水应用、雨水回收、污水处理等方式取得节水的效果；通过采用太阳能光伏发电、保证充足的自然采光，采用环保节能灯具等措施达到节电的目的；通过选用环保可再生材料，减少建筑材料浪费及建筑垃圾的产生，尽量就地取材，减少建筑材料在运输过程中造成的损坏和浪费等措施取得节材的效果。

建筑设计应注重经济性，从建筑的全寿命周期核算效益和成本，实现经济效益、社会效益和环境效益的统一。绿色工业建筑应充分考虑利用场地原有的自然要素，能够减少开发建设对场地及周边生态系统的改变；从适应场地条件和气候特征入手，优化建筑布局，有利于创造积极优美的室外厂区环境。在设计过程中加强对场地风环境、光环境的组织和利用，改善建筑的自然通风日照条件，提高场地舒适度。

5.2.4 有色金属工程结构设计应充分贯彻安全、经济、美观、实用的原则，充分考虑施工、使用情况及当地的经济发展水平，因地制宜，使其具有良好的经济、社会或环境效益。随着有色金属工业的发展，新材料、新工艺的不断出现，有色金属工程的结构设计，在满足工艺要求、确保工程质量与安全的前提下，应积极采用和推广成熟的新结构、新材料和新理论，结构设计应有利于加快工程建设进度和提高工程质量，推进工业建筑的绿色化和可持续发展。

采用预制装配混凝土结构、钢结构和装配式结构体系，通过模块化设计、选取标准构配件和轻质建筑材料，以达到降低制作成本，加快施工速度，减少施工现场影响的目的。在结构设计中还应充分考虑采用可再生的建筑材料，如采用满足要求的建筑垃圾铺设施工道路等，充分落实国家资源综合利用的要求。有色金属工程包括各类矿山、冶炼、加工工程，有鲜明的行业特点，对有特殊要求的项目，在满足建筑造型及使用功能要求的前提下，宜采用技术含量高且切实有效的措施，如大型动力机器及振动设备采用隔振技术、特殊生产环境下的防火、防爆、防腐蚀等技术措施，极端气候条件下的抗风、耐候、耐久性及重金属污染防治措施等。对于大跨度结构、超高层结构、高耸结构以及其他有特殊要求的结构，采取合理的结构形式，以满足结构的安全性、经济性、美观性等要求。

5.2.5 给水排水设计应充分考虑其系统性，在充分了解工艺生产过程中对水量、水质、水压需求的基础上，建立全厂给水排水系统的平衡关系，提高工业用水的重复利用率，以实现节约用水及减少有害工业废水产生的目标，从而减轻对环境的污染。针对有色金属工业的工艺复杂性，不同的工艺部分对水质的要求不同，应分级分质回用，如生产新水冷却设备时，冷却后的出水仅仅水温升高，水质未发生改变，可以继续循环使用，或者用于其他工艺使用；又如将含盐量较高的工业废水回用致渣选矿、渣缓冷、渣水淬等工序，从而减少高盐、涉重金属等难处置废水的排放量。

《中国节水技术政策大纲》（2005年4月21日发布）中提出发展外排废水回用和零排放技术。鼓励和支持企业外排废水、污水处理后回用，大力推广外排废水、污水处理后回用于循环冷水系统的技术；在缺水以及生态环境要求高的地区，鼓励企业应用废水"零排放"技术；要求企业在节能、环保和消防安全方面加强技术提升和保障措施。通过采用新工艺、新设备、新材料、新药剂等技术措施，使给水排水系统设计做到技术先进，经济适用，安全可靠，并在安全生产、环境保护、节约能源、节约用水等方面取得显著成效，这是与国家节约水资源、节约能源和保护环境的方针政策相契合的。酸性废水是有色金属行业中特有的一种废水源，酸性废水中含有硫酸以及铜、铅、锌、砷等重金属离子，可根据通过石灰－铁盐法、电化学工艺、投加重捕剂等环保药剂去除；酸性废水中和后液可通过低温热法浓缩工艺进行废水的减量化处置。

5.2.6 有色金属工程暖通设计应体现先进、高效、节能、安全、环保的要求，营造满足职业健康和安全、卫生标准要求的建筑室内环境并保护室外环境。设计中除尘、抑尘或废气处理系统与工艺生产应有机融合，应用高效节能产品；结合工艺生产特点，尽量回收利用低品位能源以满足生产、生活需要，实现低碳、减排、环保；采用温湿度独立控制、置换通风、大温差供冷供热、辐射供冷供暖等技术满足生产、生活要求。

随着社会进步和技术发展，暖通行业各类新产品、新技术层出不穷。将新设备、新材料、新构件应用于有色金属行业可产生显著经济、社会和环境效益。建筑供暖、供冷采用工业余热或可再生能源，可减少化石能源的应用份额；部分或全部建筑使用热泵供暖技术，选用高效的冷、热源设备，可降低冷、热输配损失，满足冷、热输配能效不高于国家或地方节能标准要求。结合建筑特点，室内供暖、空调采用先进、适宜的技术，通风及时排除生产中散发的余热、余湿及有害物，在防尘、防毒、防爆、防暑方面做到技术先进、安全可靠。利用新型材料制作的密闭罩、移动防尘罩（帘）可改善生产车间工作环境，将超细水雾抑尘与工艺设备结合达到理想防尘效果等工程实例均取得显著效益。

5.2.7 有色金属工程电气设计应体现技术先进、经济适用、安全可靠、绿色节能等原则，通过采用先进适用技术或重大技术措施，在减少电能损耗、输入系统谐波、环境污染（油、气、噪声、电磁）、投资、运维人员、电气故障率等方面有明显改进，如通过采用更高的配电电压，降低配电系统的电能损耗等技术措施，可以从本质上提高电气系统的节能效果。

在企业服务年限内，经技术经济比较选择节能型设备、材料，节能效果量化明显，在产品选型过程中，通过选用一级能效等级的电力变压器等节能型适用产品，提升电气设备的能效等级。对于复杂工程的电气设计，还应合理的选择供配电系统接线方式、优化电气设施设备的数量及配置方案，最大限度的兼顾减少电气设备投资与降低系统电能损耗，从设计源头提高电气系统的使用效果，提供安全可靠、绿色节能的供配电方案，解决影响绿色建造水平的技术难题。对于智能化系统各子系统设计，应尽可能采用数字化、智能化技术和装备，支持数据、文字、报表、图形、声音、多媒体视频等多种信息形式，并满足经济、合理、实用、安全可靠的要求；同时必须具有开发性、灵活性、可扩性，以便系统的改造和更新。

5.3 石化工程

Ⅲ 创新性评价

5.3.14 设计理念创新,遵循高效、节能、减碳,智能智慧,体现人与自然和谐共生的可持续发展理念。

5.3.15 结合项目所在地区城市发展及绿色化发展水平,考虑在石化工程建设过程中工业化施工、装配式装饰装修、绿色建材、信息化运营手段等措施的适用性,因地制宜地采取相应措施,实现绿色石化工程及绿色化技术的相互促进及发展。

Ⅳ 效益评价

5.3.16 经济效益评价根据国家发展改革委、建设部《建设项目经济评价方法与参数(第三版)》(发改投资〔2006〕1325号)进行。

5.3.17 本条主要目的是鼓励和引导项目采用可在节约资源、减少环境污染、提高健康性、智能化系统建设等方面实现良好性能提升的创新技术和措施,以此提高石化工程绿色建造水平。当某项目采取了创新的技术措施,并提供了足够证据表明该技术措施可有效提高环境友好性,提高资源与能源利用效率,推动生态治理,具有较大的社会效益时,可参与评分。

5.4 电力工程(发电工程)

Ⅰ 先进性评价

5.4.1 总图运输设计应立足项目全局,有前瞻思维,引领全厂规划设计。总平面布置应做到功能分区明确,工艺流程顺畅;厂区竖向布置合理,土石方工程量尽量填挖平衡。厂区单位千瓦用地指标先进,满足国家各项土地政策要求。

5.4.2 全厂建筑设计要因地制宜,与山、水、林、田、湖、草融合、与自然生态环境和谐共生;以最小的区域改变,保证与周边融和、和谐;全厂景观、色彩一体化设计。全厂主、辅建筑地基处理、结构选型经过充分论证,科学合理,积极采用新技术、新结构、新材料,多采用工厂化构件,为绿色建造创造条件。

5.4.3 设备选型和系统配置,应考虑设备初投资、运行费用、维护复杂性等,从设备选型、系统设计、关键参数设定、控制逻辑等进行优化,实现高效、节能、减碳。优化小系统、小设备选型和系统配置,减少备用、取消冗余,降运行能耗。供电标准煤耗、厂用电率、耗水率、排放等指标满足或优于国家标准。

5.4.4 电控设计水平先进,实现"大(大数据)智(人工智能)云(云计算)物(物联网)移(移动互联网)"技术与电力生产技术融合,用智能化的应用实现智慧化的管理,引领科技创新。

5.4.5、5.4.6 水系统设计实现智能水务管理,脱硫废水处理技术先进、节能、环保,通过全厂水量平衡实现零外排。节能、环保、消防安全方面取得明显效果。

Ⅱ 绿色性评价

5.4.7 简约、集约,回归发电本质。建(构)筑物数量优化,能取消的一律取消。建筑设计简化,能露天的一律露天,能加顶不封闭的一律不封闭。建筑装修从简,重设计风格、施工工艺质量,轻装修。辅助车间以满足功能需求为原则。

优化工艺系统,化学、供水、热机等相关专业要统一统筹设计,减少冗余设备,简化系统,成套系统设备由制造厂模块化集装供货,在总平面布置和工艺模块的选择中处处体现节约用地原则,用地指标先进。

5.4.8 设计全过程充分考虑节约资源、节约能源、减少碳排放，设计技术方案先进，积极采用五新技术，节能减排措施合理，电厂各项性能指标及排放指标先进。

5.4.9 节约淡水资源，优先采用城市污水处理厂中水和煤矿疏干水，在全厂水务管理和水量平衡设计中贯彻节约用水、一水多用、综合利用和重复使用的原则，用水指标先进。

5.4.10 优化工艺设计系统与布置，管道、线缆短捷，建筑体积小。建筑设计中，注重总体规划，建筑外形严格控制体型系数，做好建筑外围护结构的保温节能措施，降低建筑能耗、资源消耗，实现可持续发展。

5.4.11 环境保护（烟尘、废气、废水、废渣及噪声等）的方案合理，技术成熟，运行效果好。

Ⅲ 创新性评价

5.4.12 设计理念创新，遵循高效、节能、减碳，自然生态，智能智慧，简约集约，回归发电本质。体现人与自然和谐共生的可持续发展理念。

5.4.13 技术方案创新，设计过程中积极采用六新技术，设计成果的先进性、绿色性、创新性国内（际）领先。

Ⅳ 效益评价

5.4.14、5.4.15 深入贯彻落实绿色发展理念，推进生态文明建设，提升绿色建造水平，促进绿色低碳循环发展，工程取得显著社会和经济效益，在行业内形成一定的辐射带动作用。

5.5 电力工程（输电线路工程）

Ⅰ 先进性评价

5.5.1、5.5.2 根据输电线路多年的设计和运行经验，提出了设计应遵循的基本要求，做到与沿线的规划、设施、自然条件等相协调，以达到绿色建造、和谐共存的目的，同时鼓励设计采用新技术。

5.5.3 输电线路在绿色设计方面，应兼顾技术经济指标的先进性，以合理的投资获得最佳的绿色收益。

Ⅱ 绿色性评价

5.5.4～5.5.7 在输电线路设计中，应采取各种有效的措施实现对土地资源、能源、水资源和材料的节省，严格控制对环境的污染，努力实现资源节约和环保安全的目标。

Ⅲ 创新性评价

5.5.8、5.5.9 鼓励输电线路设计理念创新和技术创新，通过设计创新推动绿色建造的开展。

Ⅳ 效益评价

5.5.10、5.5.11 输电线路绿色设计实施资源节约和环保安全措施的同时，应兼顾项目的经济效益和社会效益，取得最佳的绿色收益。

5.6 电力工程（变电站工程）

Ⅰ 先进性评价

5.6.1 本条给出了总平面设计应遵循的原则，变电站总体规划应当与当地的城镇规划或工业区规划相协调；总平面布置应根据工艺技术、运行、施工、扩建和生活需要，结合站址自然条件按最终规模规划。对站区、水源地、给水排水设施、排防洪设施、进站道路、进出线走廊、终端塔位统筹安排、合理布局，尽量使用荒地、劣地，不占或少占耕地，尽量减少土石方工程量，以达到绿色建造、和谐共存的目的。

5.6.2 本条给出了建筑设计应当遵循的原则，站区建筑物内外装修标准应简洁实用，外观与周围环境相协调。

5.6.3～5.6.6 根据变电站多年的设计和运行经验，提出了设计应遵循的基本要求，鼓励变电站设计理念创新和技术创新，通过采用新技术，新材料，新设备推动绿色建造的开展。

5.6.7 变电站在绿色设计方面，应兼顾技术经济指标的先进性，以合理的投资获得最佳的绿色收益。

Ⅱ 绿色性评价

5.6.8～5.6.12 在变电站设计中，应采取各种有效的措施实现对土地资源、能源、水资源和材料的节省，严格控制对环境的污染，努力实现资源节约型和环境友好型的目标。

Ⅳ 效益评价

5.6.15、5.6.16 变电站绿色设计实施资源节约和环保安全措施的同时，应兼顾项目的经济效益和社会效益，取得最佳的绿色收益。

5.7 电力工程（新能源工程）

Ⅰ 先进性评价

5.7.1、5.7.2 新能源工程是电力工程的后起之秀，工程种类繁多，且发展更新较快。总平面及工艺设计需要考虑工程地形地貌、环境、水文、气象、敏感性因素等各种因素，对工程设计、施工、运营全过程绿色水平起决定性的作用，合理的总平面及工艺设计是实现全寿命周期的前提。

新能源工程的总平面及工艺设计应遵循"技术先进、安全可靠、经济合理、美观协调、环境保护"的原则，针对特殊地形地貌、技术复杂的新能源工程，总平面及工艺设计更为重要。

5.7.4 新能源工程结构设计倡导简洁明快，受力合理，力求技术有所创新和突破。针对不同种类的工程，采取适宜合理的结构设计。

5.7.6 新能源工程设计应兼顾技术经济指标的先进性，在设计阶段须进行详细周密的技术经济比较，以合理的投资获得最佳的绿色收益。

Ⅱ 绿色性评价

5.7.7 新能源工程在总体布局上应与规划、交通、生态区、林区、基本农田等方面互相协调配合，在满足安全、适用的前提下，应遵循节约资源的原则，控制工程用地，选用经济合理、与环境协调的总体布局和结构形式。

5.7.8～5.7.11 在新能源设计中，应采取各种有效的措施实现对能源、水资源和材料的节省，严格控制对环境的污染，努力实现资源节约和环保安全的目标。

Ⅲ 创新性评价

5.7.12、5.7.13 新能源领域新技术、新工艺、新设备不断涌现，在新能源工程设计中，要不断关注行业最新的技术动态，提倡设计理念创新和技术创新，通过设计创新推动绿色建造的开展。

Ⅳ 效益评价

5.7.14、5.7.15 新能源工程绿色设计实施资源节约和环保安全措施的同时，应兼顾项目的经济效益和社会效益，取得最佳的绿色收益。

5.8 建材工程

Ⅲ 创新性评价

5.8.14 设计理念创新，遵循高效、节能、减碳，智能智慧，体现人与自然和谐共生的可持续发展理念。

5.8.15 结合项目所在地区城市发展及绿色化发展水平，考虑在建材工程建设过程中工业化施工、装配式装饰装修、绿色建材、信息化运营手段等措施的适用性，因地制宜地采取相应措施，实现绿色建材工程及绿色化技术的相互促进及发展。

Ⅳ 效益评价

5.8.16 经济效益评价根据国家发展改革委、建设部《建设项目经济评价方法与参数（第三版）》（发改投资〔2006〕1325号）进行。

5.8.17 本条主要目的是鼓励和引导项目采用可在节约资源、减少环境污染、提高健康性、智能化系统建设等方面实现良好性能提升的创新技术和措施，以此提高建材工程绿色建造水平。当某项目采取了创新的技术措施，并提供了足够证据表明该技术措施可有效提高环境友好性，提高资源与能源利用效率，推动生态治理，具有较大的社会效益时，可参与评分。

5.9 铁路工程

Ⅰ 先进性评价

5.9.1 我国各地区在气候、环境、资源、经济社会发展水平与民俗文化等方面都存在较大差异；而因地制宜又是绿色铁路工程建设的基本原则。对绿色铁路工程的评价，也要综合考量工程所在地域的气候、环境、资源、经济及文化等条件和特点。绿色铁路工程要求在供给与需求之间的协调与匹配，在全寿命周期的综合考虑是绿色建设的基本要求，体现在满足功能前提下，最大限度地节约能源、保护环境的要求。

现行国家的铁路设计标准对工程节能提出了明确的要求，有的地方标准的要求比国家标准更高，而且以强制性条文出现。当地方标准要求低于国家标准、行业标准时，应按国家标准、行业标准执行。对国家明令禁止使用的淘汰产品，应从生产工艺、设备使用源头上予以杜绝。

采空区、岩溶、地裂缝、地面沉降、有害气体等不良地质作用对工程的线路方案、施工方案、工程安全、工程造价、工期等会产生重大影响，同时不良地质作用伴随铁路工程建设和运营的全过程，因此，应对不良地质作用进行专项的勘察工作，并提出针对性的工程措施。

铁路工程是一项涉及多专业的系统工程，设计功能有赖于各专业、各系统的配合协同得以实现。做好专业间的功能协调与衔接，能进一步提高工程质量。同时铁路工程作为重大市政建设工程，规模大，牵涉面广，做好对外的协调工作才能保证项目的顺利推进。

5.9.2 合理的设计标准首先要体现与功能定位相适应，并结合工程建设具体条件，进行综合的技术经济分析，在满足安全及功能要求的前提下，选择技术经济综合最优的适宜工程标准。

5.9.6 跨区间无缝线路长轨条跨越车站，道岔内部钢轨全部进行焊接或胶接，并与两端长轨条焊连，真正意义上消灭了钢轨有缝接头，提高了轨道平顺性及列车运行的平稳性和舒适性。一次铺设跨区间无缝线路可使线路开通即可达到设计速度目标，也是目前世界铁路无缝线路技术的发展趋势。我国国铁集团均采用了一次铺设跨区间无缝线路技术，积累了大量的设计和施工经验，技术已经成熟。

5.9.8 铁路客运站是铁路工程的重要组成部分，其类型多样，设施齐备、客流集中、能源与资源消耗量较大。当前，我国铁路客运站建筑设施量大面广，能源管理水平、服务品质等都有待提高，大力发展绿色铁路车站建设势在必行。其设计评价可参考行业标准《绿色铁路客站评价标准》TB/T 10429-2014执行。

5.9.9 钢结构体系的钢铁循环利用性好，而且回收处理后仍可再利用。预制混凝土结构体系可在工厂进行装模生产，现场进行连接组装，工厂加工质量高、现场施工速度快、可有效地减少工人劳动强度、降低现场施工噪声、减少现场材料堆放场地，有利于环保；工厂化的构件和现场的标准装配，可降低工程成本，适合在铁路工程中推广应用。

Ⅱ 绿色性评价

5.9.10 本条说明工程规模和设备配置与建设功能定位的适应性，远近发展的结合性等方面的考虑。

遵照相关法律、法规和行业规定要求，绕避不良地质区域、环境敏感区、基本农田保护区、大量拆迁区，避免各类危险源的影响，将确保建设项目依法合规建设，有助于合理确定工程建设规模、降低安全风险、缓解社会矛盾，有利于资源保护和可持续利用。

施工组织时应制定土方总体调配方案，对开挖土方进行再利用。施工中挖出的弃土堆置时，应避免流失，并应回填利用，做到土方量挖填平衡；有条件时应考虑邻近施工场地间的土方资源调配。

铁路工程建设遍及全国各地，铁路沿线的气象、水文、植被、地质、水文景观等自然地理条件存在差异，工程措施各不相同。绿色通道建设要遵循因地制宜、安全可靠、经济适用和兼顾景观的原则。

5.9.11 车站设备节能主要包括以下内容：

1 扶梯采用变频感应启动等节能控制措施：由于地铁车站的人流量一天不同时刻存在较大变化，特别是非高峰时段变频控制可有效地根据人流量的变化而调节电机功率，较大程度节电，所以除选用节能电梯外，还可采用变频控制、群梯智能控制等经济运行控制手段，以及分区、分时等运行方式，来达到电梯节能的目的。

2 配电变压器节能产品的要求满足现行国家标准《电力变压器能效限定值及能效等级》GB 20052 规定的节能评价值。

3 根据电能质量考核要求及考核点位置，合理确定系统无功补偿和滤波装置设置方案，并针对轨道交通供电系统运行特点，设计动态无功补偿装置，防止无功倒送。

4 水泵的选型满足现行国家标准《清水离心泵能效限定值及节能评价值》GB 19762 的节能评价值。风机的选型满足现行国家标准《通风机能效限定值及能效等级》GB 19761 的节能评价值要求。此处消防用设备不做要求。

5 车站墙屏、液晶显示器等电子显示器设备的选型满足现行国家标准《城市轨道交通机电设备节能要求》GB/T 35553 的节能评价值要求。

车站系统能耗的计算，应参考行业标准《民用建筑绿色性能计算标准》JGJ/T 449-2018 中第 5.3.2 条～第 5.3.9 条的规定。本条款涉及的整体节能率的计算，应符合行业标准《民用建筑绿色性能计算标准》JGJ/T 449-2018 中第 5.3.10 条～第 5.3.13 条的规定。

5.9.12 在进行铁路工程绿色设计前，应充分了解项目所在区域的市政给水排水条件、水资源状况、所在地的气候特点等实际情况，通过全面的分析研究，制定水资源利用方案，提高水资源循环利用率，减少市政供水量和污水排放量。水资源利用方案应包含下列内容：

1 当地政府规定的节水要求、项目所在位置水资源状况、气象资料、地质条件及市政设施情况等。

2 鼓励设计阶段充分考虑项目的建筑功能、使用性质和生产类型，生活和生产用水情况，统筹考虑项目内水资源的综合利用。

3 确定节水用水定额、编制水量计算表及水量平衡表。

4 给水排水系统设计方案介绍。

5 采用的节水器具、设备和系统的相关说明。所有用水器具应满足现行行业标准《节水型生活用水器具》CJ/T 164 及现行国家标准《节水型产品通用技术条件》GB/T 18870 的要求。

6 非传统水源利用方案。对雨水、河道水、冷凝水、中水等水资源利用的技术经济可行性进行分析和研究，进行水量平衡计算，确定水资源的利用方法、规模、处理工艺等。

5.9.13 合理选用建筑结构材料，采用高强建筑材料，可减小构件的截面尺寸及材料用量，同时也可减轻结构自重，减小地震作用及地基基础的材料消耗，节材效果显著优于同类建材。

建筑材料的循环利用是节材和资源利用的重要内容。有的建筑材料可以在不改变材料的物质形态情况下直接再利用，或经过简单组合、修复后直接利用，如门、窗等，有的需要改变物质形态后才能实现循环利用，如难以直接回用的钢筋、玻璃等，可以回炉再生产。有的既可直接再利用又可回炉生产后再循环使用，比如标准尺寸的钢结构型材，以上各类材料均可纳入本条范畴。

建筑材料有害物质的含量应符合现行国家标准《室内装饰装修材料 人造板及其制品中甲醛释放限量》GB 18580、《混凝土外加剂中释放氨的限量》GB 18588、《建筑材料放射性核素限量》GB 6566、《室内空气质量标准》GB/T 18883 和《民用建筑工程室内环境污染控制标准》GB 50325 的规定。

5.9.14 环境保护选址、选线要依据国家保护资源、环境、文物等法律、法规及有关管理部门的规定，结合铁路工程建设项目的实际情况，加以综合权衡，依法合规合理确定铁路线路的实际走向和站、段、场、所等的位置。本条依据《自然保护区条例》《风景名胜区条例》《中华人民共和国水污染防治法》等国家法律法规的相关规定提出了工程选线、选址需要遵守的原则。

项目实施中应制定土方利用规划，对开挖土方进行再利用。施工中挖出的弃土堆置时，应避免流失。应对施工场地所在地区的土壤环境现状进行调查，并提出场地规划使用对策，防止土壤侵蚀、退化；施工所需占用的场地，应首先考虑利用荒地、劣地、废地。施工中挖出的弃土堆置时，应避免流失，并应回填利用，做到土方量挖填平衡；有条件时应考虑邻近施工场地间的土方资源调配。实施时应统筹合理安排基础施工顺序，综合考虑场地内自然标高和设计标高，力求场地内土方平衡，减少土方外运输量，节约柴油等消耗。

环境保护为一综合性专业，污染防治工程内容主要包括噪声、振动、污水、废气污染治理、固体废物处置、电磁环境保护等，需要有关专业在设计中贯彻落实。污染防治设计应满足环境影响报告书及其批复意见的要求；符合行业标准《铁路工程环境保护设计规范》TB 10501-2016 等有关标准的规定。

Ⅲ 创新性评价

5.9.16 利用新技术、新工艺、新流程、新材料、新装备、新产品是实现铁路工程绿色化发展的实践基础。结合项目所在地区城市发展及绿色化发展水平，考虑在工程建设过程中工业化施工、装配式装饰装修、绿色建材、信息化运营手段等措施的适用性，因地制宜地采取相应措施，实现绿色铁路工程及绿色化技术的相互促进及发展。

Ⅳ 效益评价

5.9.17 经济效益评价根据国家发展改革委、建设部《建设项目经济评价方法与参数（第三版）》（发改投资〔2006〕1325号）和《市政公用设施建设项目经济评价方法与参数》（住房和城乡建设部主编，中国计划出版社，2008）进行。

5.9.18 本条主要目的是鼓励和引导项目采用可在节约资源、减少环境污染、提高健康性、智能化系统建设等方面实现良好性能提升的创新技术和措施，以此提高绿色铁路工程技术水平。当某项目采取了创新的技术措施，并提供了足够证据表明该技术措施可有效提高环境友好性，提高资源与能源利用效率，推动生态治理，具有较大的社会效益时，可参与评分。

5.10 公 路 工 程

Ⅰ 先进性评价

5.10.1 公路工程通常里程长，跨越不同的地质单元，公路总体方案控制因素较多。包括地形、地质、环境、水文、气象、防洪以及路网规划等，公路总体设计对工程设计、施工、运营全过程绿色水平起决定性的作用；合理的总体设计是实现全过程的"大保护""大节约"的前提，特别是山区公路，如果总体设计不合理，出现大填大挖或通过严重地灾区域，导致挖填严重不平衡和整治工程量巨大，不符合绿色建造的基本原则。因此在一些山区公路工程中，总体设计应随坡就势，尽量减少深挖和高填，难以避免的深挖高填应考虑设置桥隧结构进行跨越，最大程度地降低对环境的影响，践行绿色理念。

5.10.2 路线线形指标对于公路通行功能的发挥，对于远期交通量的适应和升级改造的前瞻性至关重要。路线布设位置能否与自然融于一体，减少生态破坏也是公路工程先进性的体现。

5.10.3 路基路面方案先进性体现在新材料、新结构及新理论的应用，并有显著的社会、环境和经济效益。

5.10.6 交通工程先进性体现在采用先进设计理念、新材料、新理论的产品，在功能上实现智能交通控制系统，在能耗上采用节能技术的先进产品，取得显著的经济、社会和环境效益。

5.10.7 环境与景观工程先进性体现在三个方面，一是新材料、新结构、新理论的应用，这是环境与景观工程本身的技术进步方面；二是设计方案的环保方面，体现工程方案适应环境保护的要求；最后是工程方案与周边人文环境的和谐方面。

Ⅱ 绿色性评价

5.10.8 土地资源的利用是公路工程最重要的方面之一，土地资源是稀缺资源，特别是耕地资源，一方面要求公路工程尽量减少占地，利用已有走廊带资源，利用地形条件，控制高填深挖，控制住用地指标；另一方面，最大限度利用弃方和弃碴，减少线外取土，防止水土流失。

5.10.9 在公路运营管理中，一方面采用保温材料减少服务设施的能源损耗，另一方面依靠风能、太阳能和地热能等可再生能源，减少服务设施的能源需求。

5.10.10 水资源环境保护从几个方面，一是不得影响周边居民的饮用水体，要求路面排水不得排入饮用水体或养殖水体，要求服务区及管养设施的生活废水要集中回收处理后才能排放；二是提高水资源节约和循环利用，比如设置节水系统和设备；生活用水、景观用水、绿化用水的分等级使用和回收；以及雨水、污水的处理应用等。

5.10.11 材料资源节约首先是可循环、可回收和可再生施工材料的利用，另外是高性能、高耐久材料的利用，减少原料消耗和材料废弃。

5.10.12 环境保护在新时代处于越来越重要的地位，公路工程由于公路里程长，环保问题愈加突出，在公路工程建设中，首先应避免通过环境敏感区、生态脆弱区，减少对环境的破坏；另外需加强环境保护方案的审定，降低对环境的不良影响。

Ⅲ 创新性评价

5.10.15 技术创新着重为自主研发的新技术、新工艺、新流程、新材料、新装备和新产品。填补国内空白或接近国际先进水平。

5.11 水 运 工 程

Ⅰ 先进性评价

5.11.1 水运工程建设项目设计应从全局出发，其中港址选择应有利于综合运输和物流服务，港区码头、库场、道路、港池、航道和锚地布置应有利于降低车船综合能耗，码头、港内水域、防波堤与口门布置应便于船舶靠离泊作业，进出港航道宜顺直布置，与水流、波浪方向夹角不宜过大。

港口岸线应综合利用，港口陆域应结合自然条件和装卸工艺流程，综合考虑减少货流和人流间的干扰、缩短运输距离、减少货物提升高度和周转次数等因素合理布局。港口大门或闸口布置应有利于缩短车辆的行车距离。

港口道路应结合地形条件、车辆运输要求，按照平面顺适、纵横坡度合理和排水畅通的原则布置，且应与铁路、管道和其他建筑物布置相协调，主要道路应避免与运输繁忙的铁路平面交叉。

港口设计过程中，要充分考虑远景扩展需求，要具有前瞻性。

5.11.2 港口装卸工艺设计应优化工艺流程、减少操作环节、缩短运输距离和减小提升高度，合理利用能源，机械设备应选用技术先进、自动化程度高、安全可靠、能耗低和效率高的产品，在节能、降低消耗、改善环境、综合利用等指标优于同类码头，与国内同类设备相比处于领先地位或接近国际水平。

5.11.5 智能化、自动化码头等新型技术已成为我国实现港口转型升级的必由之路，如自动化码头装卸作业具有稳定高效、安全节能、绿色环保等优势。此外水运工程绿色建造方面，应采用智能化管理系统，至少要对建筑最基本的能源资源消耗量设置管理系统。对于电、气、热的能耗计量系统和能源管理系统的设置，计量系统实现运行节能、优化系统设置的基础条件，能源管理系统使能耗可知、可见、可控，从而达到优化运行、降低消耗的目的。采用智能化手段对航道进行养护和规划；利用遥感技术和智能控制技术进行船舶的实时检测，运用云计算技术分享电子航道图等等，有技术先进、经济、合理、使用、可靠，能提供有效的信息服务，且智能化系统本身具有开发性、灵活性、可扩性、实用性和安全性。

Ⅱ 绿色性评价

5.11.7 交通水运工程不仅占地面积大，而且开挖量多。工程对所经过的区域植被、耕地及水利水保工程的破坏，或者占用是长期存在的，同时，由于工程建设需要对地形结构进行改造、开挖。如存在设计不足，或者在施工中不规范等情况，在受力不匀或水流冲刷的情况下，极易造成地形结构失稳，诱发崩塌滑坡等水土流失灾害。因此水运工程对节地与土地资源利用的绿色性尤为重要。在选址与路线规划方面，应结合主体工程的建港条件、航运影响、规划抛泥点分布、投资等指标，以及陆域土石方挖填量、陆域弃碴量、水域疏浚量、陆域扰动面积等水土保持及相关指标，进行站址比选和路线规划，优先选用荒地、劣地、废地或已被污染的土地，避免大量征地拆迁，集约利用岸线和土地资源，充分利用疏浚土或就近取土造陆。避开软弱夹层和炸礁工程量大地区，选址对地震等自然灾害有充分的抵御能力。施工现场物料堆放占用场地应紧凑，尽量节约施工用地，如果现场场地狭小，应选择第二场地堆放材料。

交通水运航线建设工程，施工工程量相对较大，线路方案选择的水土保持尤为重要。应以尽量减少挖填方、扰动面积为原则，尽可能以桥隧代替明线挖填路基方案。根据具体工程项目的实际情况建立完整的水土保持措施体系，根据施工方式和场地的不同可对水土保持措施进行区域划分。明确对各区域的现状、工程特点、防治目标、水土保持措施，使防治措施系统地规划、合理、有效地落实。植被措施是最有效的水土保持措施之一。植被具有能够固定水土、改善气候，防治水土流失，保持生态平衡的功能。在交通水运建设工程中运用较多。一般方法是设置边坡植被防护、堆场边界防护林等。在容易发生水土流失的区域，根据实际情况种植植被。

5.11.8 本条文对水运工程建设能源利用做了相关规定，设计中要优先考虑全电力等清洁能源作为动力源的工艺技术和装卸搬运设备，设计预留相应的电源和充电桩。采用变频调速、自动控制、电能回馈、储能回用等节能技术，码头装卸工艺各环节能力匹配，提高装卸效率，降低能耗。

港区内建筑物包括直接参与水运货物装卸、运输、储存等生产活动的建筑，例如转运站、皮带廊道、集装箱拆装箱库和货物仓库等；辅助生产建筑即不直接参与生产活动，只对生产起辅助和支持作用的建筑，分为工业类辅助生产建筑和民用类辅助生产建筑。工业类辅助生产建筑包括变电所、机修车间、工具材料库和集装箱修洗车间等；民用类辅助生产建筑包括办公楼、候工室、人工休息室、食堂、浴室及生产建筑和工业辅助生产建筑内或贴建的办公室、休息室。在保证室内环境参数符合国家现行标准有关规定的条件下，建筑节能应以降低采暖、通风、空气调节和照明等能耗为重点进行设计，结合日照、风向、地形和环境等自然条件合理选择位置和朝向，制冷负荷大的建筑屋面宜采取隔热措施，外窗宜设置外部遮阳设施，当外窗采用外部遮阳确有困难时，宜采用有遮阳效果的外窗玻璃。通风设计宜采用自然通风，自然通风设计应结合建筑设计，综合考虑建筑外部环境、内外部构造、得热量和室内环境参数等因素进行。

为降低水运工程碳排放，推荐使用可再生能源，但可再生能源的使用不能对环境和原生态造成影响。

应制定科学合理的节能指标，节能指标应按照各分项和综合节能指标确定，并定期对节能效果与指标进行对比分析。

5.11.10 资源消耗巨大是港口建设的一个主要特点，本条文对材料资源的利用进行评价，通过资源再利用、建材循环利用、绿色建材应用、节约建材等角度实现节能减排。例如：港口工程常见的陆域形成回填材料有砂、开山土、疏浚土、建筑废料等，当砂、开山土等回填料不足时，应用疏浚土、建筑废料作补充回填，既可达到陆域形成的需求，同时亦能解决开挖疏浚土的弃方问题，做到化废为宝。

港口绿色建筑材料的科学规划，不仅能够达到节能的目的，还能够增加材料的使用次数，使资源利用合理化，高效化。

5.12 水 利 工 程

Ⅰ 先进性评价

5.12.1 水文设计成果为水利工程设计提供基础的资料，水文资料是否齐全、可靠，分析计算方法是否正确，成果是否合理等，都将直接影响工程规划和设计的成果。

5.12.2 工程任务及规模为水利工程制定了目标及依据，要求贯彻综合利用的原则，总体布局方案需经综合比选确定，工程规模的确定合理充分。

5.12.3 工程地质条件为水利工程设计提供基础资料，主要从地质勘探方法及成果，工程地质条件分析评价、不良地质条件处理措施建议及地质参数等方面进行先进性评价。

5.12.4 工程总布置与建筑物设计为水利工程设计的重点内容，评价项目及分值较高。合理的工程总布置、先进的建筑物设计，能达到节地、节水、节材等绿色建造的目的。主要从工程规模、建筑物级别和标准、建筑物选址、选线、选型、建筑物设计、监测设计等方面进行评价。

5.12.5 机电及金属结构设计主要从水机设备选型、接入电力系统方式、电动机组运行方式、励磁系统方案、通信、采暖通风、结束结构等方面进行先进性评价，要求设备形式及技术参数选择合理，符合总体布局要求，满足安全生产、方便操作和防火的要求。

5.12.6 水利工程中除水电站工程及泵站工程外，涉及消防设计内容相对不多，其先进性主要从消防供水设计和消防系统设计两块进行评价。

5.12.7 信息化技术评价：① 信息化在工程设计中的应用，包括利用 BIM 设计技术、三维软件计算分析等，提高设计的效率、精度及可视化效应；同时，BIM 技术通过数字技术构建的可视化工程数字模型，使整个工程在设计、施工和运行各阶段都能够有效实现提高效率、节省能源、节约成本、降低污染，为水利工程建设提供了极强的技术保障。② 工程信息化系统的设计先进性评价，主要包括信息化系统方案设计的合理性、先进性和安全性。

Ⅱ 绿色性评价

5.12.8 工程站（场）址、线路的选择，应遵循合理利用土地，切实保护耕地、林地、水源地和自然保护区，避免大量征地拆迁等原则。工程总体布局、建筑物设计、施工总布置、土石方平衡规划等，均应优先考虑占地较省的方案。

5.12.9 永久工程及临时工程，均应优先选用效率高、能耗低的设备；进行精细化施工组织设计，合理安排工程进度，避免人力、物力和财力的浪费。

5.12.10 水资源配置为水利工程规划的核心，合理的水资源配置设计，能从源头上提高水资源的利用效率和生产效益，避免水资源的浪费。

5.12.11 合理利用工程开挖料作为建筑材料，如混凝土骨料、土石坝填筑料、建筑物回填料等，能减小新辟料场占地规模，减少弃碴量进而减小碴场规模，降低水土保持工程的压力，在设计时应充分考虑开挖可用料的利用。

5.12.12 水利工程具有周期长、工程量大等特点，需要高度关注其对生态环境的影响及保护问题，只有在工程选址、选线时，尽量避让生态红线等环境敏感区域，科学客观地进行环境影响评价，提出合理的生态环境保护方案并严格执行，才能将工程对生态环境的影响降至最低。

5.13 信息通信设备与线路工程

Ⅰ 先进性评价

5.13.1～5.13.5 信息通信业具有技术发展快速、新技术新业务更新换代频繁的特点，核心网、无线网、数据、传输设备和线路工程设计均需对技术先进性、复杂程度、概预算和竣工决算准确性、用户满意度等方面进行评价，技术水平先进性体现在设备选型、方案设计、组网设计等方面，达到或接近国际先进水平并在国内领先，以保证信息通信网络高效稳定地承载各类通信业务；技术复杂程度、概预算和竣工决算准确性、用户满意度的工程设计，反映出设计的难度和质量。同时，对于无线网工程设计，还应进行网络优化并合理选择站址，以保证无线网络质量；对于线路工程设计，还应进行方案优化，并充分考虑经济、可靠性因素进行障碍处理／线路防护。

Ⅱ 绿色性评价

5.13.6 信息通信设备与线路工程有高可靠性要求，选址在符合所在地的城乡规划的基础上，要避开地质灾害严重地段和多发区；尤其要注意电力容量、电力供应的安全可靠性，以保证通信设备安全可靠运行；同时满足保护利用原有植被、合理的场地设计、合理利用地下空间，工程避免光污染、环境噪声等，满足节地与室外环境保护要求。

5.13.7 信息通信设备与线路属于高能耗项目，应根据所在地气候条件，充分利用自然冷源技术，在设备选型时考虑设备节能降耗，采用国家标准的节能技术和绿色产品，采用合理利用新能源、有效回收空调系统排热等节能技术。

5.13.8～5.13.10 在信息通信设备与线路设计中，应采取各种有效的措施实现对水资源和材料的节省，减少消耗，严格控制对环境的污染，努力实现资源节约型和环境友好型的目标。同时，通信线路路由选择应与环境相适应，考虑建设地域内的文物保护、环境保护、减少对原有水系及地面形态的扰动和破坏，不得扰动永久冻土等。

Ⅲ 创新性评价

5.13.11、5.13.12 信息通信领域新技术、新工艺、新设备、新产品不断涌现，在信息通信设备和线路工程设计中，要不断关注行业最新发展动态和技术动态，提倡设计理念创新和技术创新，尤其应注重自主创新，在设计过程中引入具有自主知识产权的新技术和新产品等，同时在工程设计过程中注重创新成果的挖掘、保护和推广。

Ⅳ 效益评价

5.13.13、5.13.14 信息通信设备与线路工程绿色设计实施资源节约、环保和安全措施的同时，应注重提升经济技术指标和可持续发展前景，对当地相关产业起到辐射带动、促进产业转型融合，兼顾项目的经济效益和社会效益，取得最佳的综合收益。

建设项目经济评价是在项目技术方案的基础上，通过多方案比选、运用定量和定性分析相结合、动态和静态分析相结合的方法，对拟建项目的财务可行性进行分析论证，为项目在经济上是否可行提供可靠的决策依据。

社会效益评价的主要目的是鼓励和引导项目采用可在节约资源、减少环境污染、提高健康性、与生态融合等方面实现良好性能提升的创新技术和措施，以此提高绿色建造水平，提高社会满意度。

5.14 信息通信建筑与电源工程

I 先进性评价

5.14.1 信息通信建筑设计主要通过总平面布局、管线设计、平面布局和剖面设计、造型和外立面设计进行评价。

1 信息通信建筑总平面布局的影响因素很多，其中业务需求确定用地规模和工艺负荷，用地规模和规划要求确定了园区的建筑面积、建筑密度、建筑高度、绿化率等指标，外市电容量是制约装机容量的关键，工艺要求和自然条件决定信息通信建筑的功耗和配置方案的选择和确定，市政条件从供水排水、传输、电力的接口、位置和容量影响总图的布局，各因素之间互相影响和牵制，在进行通信建筑总体设计的时候应统筹考虑，避免因某个因素的短板带来园区使用的闲置和浪费。

2 信息通信建筑管线数量和种类多，工程量大，施工复杂。设计中应注意分期衔接的便利性，避免因管线变化带来的机房停运风险，避免不必要的工程反复带来的使用不便和费用的增加。

3 信息通信建筑应统筹需求、柔性规划、分步实施、动态调整。应充分研究业务需求、机房等级要求，前期阶段通过适当预留弹性条件，可以更好地适应后期业务需求的不确定性变化，实现空间、供电、制冷资源的有机匹配，预留弹性条件不得脱离需求、盲目预留，导致装机率降低、投资增加或资源闲置。信息通信建筑方案应具有前瞻性，充分考虑未来业务变化及新技术发展要求。建筑平面和空间布局应具有灵活性和通用性，从层高、内部交通、消防、建筑构造、楼面荷载等方面为远期生产用房的调配创造条件。

4 考虑信息通信建筑的使用效率，造型应简洁，避免出现异形平、立面设计；外墙饰面材料宜采用经济、适用、耐久、易清洁的材料；不宜设置与使用功能无关的格栅、百叶、钢构等装饰造型或构件；除楼梯间、供人员使用的辅助用房、走廊及消防救援要求的部位外，其他部位原则上不设置外窗，不应设置装饰性假窗。

5.14.3 本条文旨在鼓励在节能，节水、环保、消防安全等方面进行设计创新，通过对设计方案的优化，提高信息通信建筑的绿色建筑性能水平和建筑安全性，取得明显的经济、社会和环境效益。例如针对信息通信建筑机房、电力用房、柴油发电机房不同的区域特点，选择合理的消防技术，并结合智慧消防在工程中的应用，使设计明显有利于提高建筑安全性。

5.14.4 暖通设计方案要符合机房等级等要求，机房等级宜参考现行国家标准《数据中心设计规范》GB 50174要求。暖通设计方案充分考虑项目地理特点，如气候条件、水资源条件、防冻需求和噪声要求等。

5.14.5 信息通信建筑与电源工程电气设计应体现技术先进、经济适用、安全可靠、绿色节能等原则。供配电方案应结合通信工艺不同等级要求，优先保证设备安全可靠运行。经技术经济比较，鼓励选择节能型设备、材料，通过选用能效等级较高的电力变压器、电动机、交流接触器、变频器和照明灯具等适用型产品，提升电气设备的效能。通过采用先进适用技术或重大技术措施，在减少电能损耗、输入系统谐波、环境污染（油、气、水、噪声、电磁）、投资、运维人员、电气故障率等方面有明显改进。对于复杂工程的电气设计，还应合理地选择供配电系统接线方式、优化电气设施设备数量及布局，最大限度地兼顾减少电气设备投资与降低系统电能损耗。对于智能化系统各子系统设计，应尽可能采用数字化、智能化技术和装备，运用5G、物联网、人工智能等信息化手段，减少人工干预，并满足经济、合理、实用、安全可靠的要求。

5.14.6 信息通信建筑工程中，电源系统拓扑架构是数据中心绿色、高效、安全运行的保障，所以架构与设备选型及系统可用性在总体电源系统评价中占主导地位，设备选型可靠、高效、环保，各设备能效等级应满足国家相应限定值要求；在保障安全的前提下，通过采用成熟的绿色先进技术可有效提升电源系统效率，降低通信建筑的整体能耗；先进技术可参见《国家绿色数据中心先进适用技术产品目录》（2020年版）；便于推广的设计成果，可有效提升信息通信建筑整体能效水平。

5.14.7 经批复的初步设计概算是竣工决算编制的主要依据文件。通过竣工决算与概（预）算的对比分析，可考核投资控制的工作成效，提高未来建设工程的投资效益。

Ⅱ 绿色性评价

5.14.9 通信建筑节地与室外环境评价应考虑通信建筑的安全可靠、绿色节能以及对环境的影响和对资源的再利用。通信建筑在保证自身安全运行的同时，把对环境的不利影响降到最小化，同时考虑生态保护、生态补偿的措施，场地雨水回收利用，纳入到评价体系内，体现通信建筑的安全性、可靠性和绿色性。

5.14.10 分项计量方便运维阶段统计各系统能耗，进一步实现管理节能。国家标准《建筑节能与可再生能源利用通用规范》GB 55015-2021 第 5.2.1 条明确要求所有建筑应安装太阳能系统，因此信息通信建筑基本上可实现新能源的利用；采用风能等其他发电设施的，均属于积极使用新能源。信息通信建筑中，根据设备运行需求，合理配置了发电机组、不间断电源、EPS电源等作为应急电源。

5.14.11 信息通信建筑设计中应根据不同空调系统形式，因地制宜地制定水资源规划方案，统筹、综合利用各种水资源，采取有效措施避免管网漏损，卫生器具、空调设备或系统采用节水方式和节水技术，合理使用非传统水源。信息通信建筑的水资源利用应在有关水资源规划框架下，结合区域的给水排水、水资源、气候特点等客观因素进行系统规划，制定水系统规划方案。在规划方案中降低给水管网漏损可明显实现节约用水、提高供水效益的目标。用水器具应满足现行国家标准《节水型产品通用技术条件》GB/T 18870 的要求。鼓励合理使用非传统水源，可使用的非传统水源包括市政中水、生产废水、雨水、海水等。

5.14.12 信息通信建筑材料资源主要包括各类建筑材料、预制构件、预制化产品等。鼓励使用本地生产的建筑材料，提高就地取材制成的建筑产品所占的比例。预拌混凝土应符合现行国家标准《预拌混凝土》GB/T 14902 的规定，预制砂浆应符合现行国家标准《预拌砂浆》GB/T 25181 及现行行业标准《预拌砂浆应用技术规程》JGJ/T 223 的规定。鼓励采用工业化方式生产的预制构件、预制化产品，在保证安全的前提下，使用工业化方式生产的预制构件和产品，既能减少材料浪费，又能减少施工对环境的影响，同时可为将来建筑拆除后构件的替换和再利用创造条件。

5.14.13 本条提出了信息通信建筑中机房安全生产的条件要求，应参照国家以及行业相关规定执行。由于空调系统的冷却塔或室外机组、油机系统工作时噪声较大，如果信息通信建筑位于住宅小区内或距离住宅太近，噪声将对居民生活造成影响。

Ⅲ 创新性评价

5.14.15 信息通信建筑行业走可持续发展之路，应采用创新理念，联合全产业链，贯穿全生命周期；通过绿色数据中心成套技术、工业化融合建造技术等措施和手段，推动数据中心建设可持续发展。技术创新评价应包含：

1 鼓励自主研发新技术、新工艺、新流程、新材料、新装备和新产品，从卡脖子的关键技术着手，解决行业难题，形成核心技术，提高信息建筑绿色节能、安全可靠、便捷高效、运维智能水平。

2 信息建筑工程的创新成果包括但不限于电源、空调、微模块、成套技术、整体解决方案等方面，鼓励创新成果获得各类奖项，形成更多专利。

Ⅳ 效 益 评 价

5.14.16 建设项目经济评价是在项目技术方案的基础上，通过多方案比选、运用定量和定性分析相结合、动态和静态分析相结合的方法，对拟建项目的财务可行性进行分析论证，为项目在经济上是否可行提供可靠的决策依据。

5.14.17 社会效益评价的主要目的是鼓励和引导项目采用可在节约资源、减少环境污染、提高健康性、与生态融合等方面实现良好性能提升的创新技术和措施，以此提高绿色建造水平。

5.15 道 路 工 程

Ⅰ 先进性评价

5.15.1 道路工程是一个系统工程，影响道路建设方案的控制因素较多。道路总体设计应在充分调查研究、评价测算和收集各方面建设条件的基础上，论证确定道路功能、技术标准、建设规模及建设方案，涵盖工程前期、规划、建设和运维全寿命周期，以实现自然资源合理利用、集约化建设、节约资源为目标。总体设计强调项目的系统性、全面性，应统筹协调路线、路基、桥涵、隧道、路线交叉、交通工程与沿线设施等各专业内、外部的关系，明确相关设计界面和接口，形成适合、可行的设计方案，满足道路工程"枢纽型、功能性、网络化、一体化"发展要求。总体设计的主要内容应根据道路技术等级、建设条件和项目要求，体现项目设计的特点、先进性和创新内容。

总体设计对工程设计、施工、运营全过程绿色水平起决定性的作用，合理的总体设计是实现全过程的"大保护""大节约"的前提。应加强路、桥、隧多方案的综合比选，做到有价值路线方案零遗漏；遵循结构安全、适用耐久、生态美观、智慧高效的要求，确保构造物选型兼具景观协调性、施工便利性；处理好道路建设与占用土地的关系，严格控制道路用地，有效利用土地资源，在路线、互通布设及工程方案的选择上尽可能减少占地；通过优化平纵面方案，力求实现"零弃方、少借方"要求，科学控制路基填挖高度，统筹土石方利用调配方案，合理控制取、弃土场等临时工程规模，真正节约用地。

5.15.2 路线设计应根据沿线地形地貌、主要建筑物、环境敏感点的处理，沿线相关的铁路、城市轨道交通、隧道、水系、河道、航空、重要管道、高压线、综合管廊、地下空间的布局，自然资源状况等，确定路线走向、主要控制点和竖向控制要素，并根据规划和控制因素，从道路整体协调性出发，确保道路安全性、纵坡均衡性以及断面合理性。应践行"绿水青山就是金山银山"理念，路线布设充分考虑沿线环境及景观因素，减少道路对沿线生态红线、水源保护地的影响。

城市道路线形设计应满足对两侧道路用地高效实用要求，保证道路整体功能全面发挥。在满足道路功能和交通组织的前提下，通过以人为本的线形设计，尽可能减少房屋征拆规模。城市道路线形设计应协调好平面、纵断面和横断面的关系，平纵面线形设计要连续，保证行车安全；横断面布置应保障公交、慢行交通的路权分配，统筹考虑街道空间一体化设计，合理划分机动车道、非机动车道、人行道、分车道、设施带、绿化带等宽度，并满足地下管线综合布置要求。

5.15.3 路面结构组合设计应根据城市道路特点、当地自然环境因素、交通状况、筑路材料、土质等情况，并通过现有路面结构使用性能的调查和运用路面结构分析方法综合确定，其目的是使路面结构在设计使用期间既能满足行车荷载和各种自然因素的作用，又能充分发挥各结构层的最大效能，做到技术可行、经济合理。

路面结构设计宜采用复合式路面、倒装式路面、全厚式或永久性等长寿命路面结构，并基于有限元或力学分析软件依据实际荷载情况进行路面厚度的优化；采用功能性铺装、固废利用、温拌工艺等环保施工工艺。依据旧路结构层厚度、弯拉强度、基层顶面的当量回弹模量等，并综合考虑技术经济性，确定旧路处置及加铺方案，包括沥青加铺层的结构组合、材料组成及厚度，并通过力学分析进行验证。

5.15.4 在进行道路及附属设施设计时，应对道路空间、景观与生态雨水设施进行一体化设计：根据道路功能等级，确定道路空间的布设；道路绿化应同时考虑绿化植物功能及交通碳排放情况，结合排水系统布置特点对绿化景观进行设计；采用功能性的路面，以提升路面服务品质，如透水路面、排水降噪路面或降温路面等；路侧采用 LED 环保节能灯等环保节能设施。此外，在进行道路施工建造时，应采用路面再生、材料温拌及智能压实等环保智能技术，以降低道路施工对环境的不利影响，同时提升道路施工质量与效率。

5.15.5 针对 BIM 技术的应用和发展，我国住房和城乡建设部早在 2011 年就开始 BIM 技术在建筑产业领域的发展研究，先后发布多条相关政策推广 BIM 技术，通过政策影响全国各地的建筑领域相关部门对于 BIM 技术的重视。BIM 技术作为一种全新的理念和方法，目的是将工程建设项目的各类相关信息有机地纳入到数字模型中，为项目建设管理中可能存在的问题提供一种全新的解决方案，并保证全生命周期的信息得到有效的管理和共享，从而保证项目的顺利推进。因此在道路工程全生命周期建设过程中有必要应用 BIM 技术，通过 BIM 的可视化、协调性、模拟性、优化性等技术的应用，有效改善沟通、降低成本、缩短工期、减少风险、提升项目管理和运维的水平。

Ⅱ 绿色性评价

5.15.7 应保留原有的植被资源，同时结合地质条件及原有的植被资源适量补种乔木、草本植物、灌木、林木等，形成有层次的、立体的体系。在补种植物选择上，需要考虑设计地区景观多样性和地形特点，同时尽量选择本地植物，防止外来植物由于不适宜本地生长环境，出现生长不好的情况，并避免外来植物所带来的物种入侵风险。

海绵城市建设是综合性、多层次的城市水环境问题解决途径之一。宏观上需要政策法规和空间规划等手段进行系统性调控；微观上，即海绵城市建设技术方案的落地，需要运用景观设计途径，根据场地特征和使用需求，综合利用各类微观绿色基础设施技术手段，实现对雨洪水进行滞留、蓄积、过滤、渗透、净化与利用等海绵城市建设目标。通过对水环境的有效管理，构建健康的城市生态系统。根据功能可分为滞留设施、蓄水设施、过滤设施、渗透设施及净化设施。在场地的规划与设计过程中，需要综合考虑场地特征和使用需求以及其在整体城市生态系统中的位置，选择相应的设施类型。

5.15.8 应实现原状土的充分利用及渣土就地利用、原有路面材料再生利用、建筑垃圾的综合利用等，减少外运和对环境的污染。为贯彻可持续发展理念和实现绿色生态城市建设，推进建筑垃圾中占比最大的工程渣土资源化利用，从保护环境、节约资源、降低土方外运及外购材料成本出发，实施市政基础设施土方平衡，实现城市建设开发产生的渣土或路面回收材料资源化再利用，以降低土方外运和外购材料成本，同时满足环保和双碳要求。

智能化系统提升道路交通服务品质，如出行服务系统、信息采集设施、道路状况实时监控设施、车辆自动驾驶布控设施等。为绿色出行提供服务，高效使用道路空间，动态缓解交通拥堵，提升道路的管养水平。

5.15.9 以就地收集、就地处理、就地利用为原则，对污染较严重的道路初期雨水进行处理、储存，当绿地以及道路需要用水时，洒水车可从雨水储存装置中抽取，予以利用。采用的工艺步骤，第一步经过设备予以基本的物理性过滤，其中一般的树枝树叶以及大型垃圾都可以进一步过滤掉；然后进入核心设备予以处理，处理中有吸附，沉淀，过滤以及化学沉淀的过程，能去除大部分的重金属以及碳氢化合物等物质。由于处理之后的雨水已达到中水回用的标准，可完全满足冲洗道路及浇灌之用。此系统不仅大大增加了道路的排水性能，缓解了汛期的管网防汛压力，同时还起到了去除污染物，雨水资源就地回用的作用。

5.15.11 结合道路周边的用地性质及历史文化氛围，尊重场地现状，最大限度保留和利用现有道路的植物并加以整合提炼，达到真正低碳环保的设计，强调道路整体环境与城市空间关系，使道路景观成为城市生态环境体系的有机部分。

Ⅲ 创 新 性 评 价

5.15.12 道路建设应确保安全、环保、和谐、资源节约、节能、高效，确保与周边的自然环境、社会环境的协调，以期在道路的全寿命周期内，最大限度节能环保，实现人、车、路、自然和谐统一。

Ⅳ 效 益 评 价

5.15.15 随着建筑业的工业化转型升级，建筑产业链组织方式也在发生变化。建立现代产业工人队伍，是建筑产业转型发展的重要内容，其具体标志包括：具有针对不同作业工序的专业化队伍；工人岗位相对固定，其专业技能经过职业技术培训；工人具有稳定的劳动关系和保障等。

5.16 桥 梁 工 程

Ⅰ 先 进 性 评 价

5.16.1 桥梁建设是一个系统工程，影响桥梁建设方案的控制因素较多。桥梁总体设计是在充分调查研究桥梁地形、地质、环境、水文、气象、通航、防洪等建设条件的基础上，研究桥梁与建设环境的协调（包括与路网的协调）、桥梁方案、桥跨布置、桥型比选、桥梁结构设计，以及与其他相关工程有机协调的总体原则和一般方法，对桥梁全寿命周期内涉及主要问题进行分析研究。桥梁总体设计应遵循"技术先进、安全可靠、耐久适用、经济合理、美观协调、环境保护"的原则。对地形、技术复杂的桥梁，其总体设计更为重要。

总体设计对工程设计、施工、运营全过程绿色水平起决定性的作用，合理的总体设计是实现全过程的"大保护""大节约"的前提。比如山区公路，如果总体设计不合理，出现挖填严重不平衡的情况，土方外运量极大，那么不管绿色施工多么精心管理，建筑垃圾产生量这项指标都是巨大的数值。在一些山区公路工程中，总体设计与地形相适应，采取随山就势，结合具体情况，高填方、深挖方路段以桥隧代替的方法，不仅减少了土地资源占用，节约用地，还减小了对自然植被的影响，取得了良好的绿色效果。

5.16.2 桥梁结构体系的选择要坚持"功能决定结构，结构均衡稳定"的原则，倡导简洁明快，受力合理，力求技术有所创新和突破。

预制装配式建造技术将诸多现场施工工艺转化到工厂进行，显著地提高了建设质量，并降低了对环境的影响。高性能、高强度材料的应用也有利于提高资源利用效率和结构使用寿命。交通运输部2016年发布的《关于实施绿色公路建设的指导意见》提出，"鼓励工程构件生产工厂化与现场施工装配化，注重工程质量，提高工程耐久性，实现工程内外品质的全面提升"；"推进钢结构桥梁的应用，发挥其在全寿命周期成本方面的比较优势。积极应用高性能混凝土，保证结构使用寿命，有效降低公路运营养护成本"。

5.16.3 桥梁附属工程的设计，如支座、伸缩缝、桥面铺装、桥头设置检修通道、墩台顶部设置检修平台、钢梁下的检修小车、高墩检修爬梯等，在确保运营安全舒适的同时，还应考虑桥梁未来的可检性、可换性和可加固性，降低桥梁全寿命期成本。

5.16.4 由于桥梁建筑材料性能劣化导致结构安全性降低，因此桥梁设计不仅要满足各种荷载作用下的结构强度要求，还要满足各种环境因素作用下的耐久性要求。桥梁结构及其构件的耐久性设计，应根据不同的设计年限及其极限状态、不同的环境类别及其作用等级来确定相应的耐久性设计准则和设计方法。设计应从结构体系、结构构造、结构材料、结构施工、结构维护以及正常使用全过程保证结构的耐久性。

可更换构件的使用寿命，应满足桥梁相关设计规范的规定。

5.16.5 设计阶段中BIM应用并不是单纯的建模，同时需要按照相关标准约束或规范建立构件模型，

5.16.6 桥梁设计应体现经济上的合理性。在设计阶段必须进行详细周密的技术经济比较，提出考虑全寿命期的经济方案。

Ⅱ 绿色性评价

5.16.7 桥位选择应从国民经济发展和国防需要出发，在总体布局上应与铁路、水运、航运、城建、重要工业布局等方面规划互相协调配合。在满足安全、适用的前提下，应遵循节约资源的原则，控制工程建设规模、工程用地，选用经济合理、与环境协调的总体布局和结构形式。有条件时，公路、铁路、轨道交通等交通形式宜尽量采用共建桥梁，以节约桥位占地。桥位的选择应充分考虑与现有道路及其他运输方式的衔接，是区域路网布置合理化，方便交通组织。

5.16.8 "渣土处置难"和"筑路材料紧缺"是道路桥梁工程建设中常见的难题，通过运用渣土固化等技术，可以将施工过程中的软土弃方固化利用，以减少土体废弃、置换，使资源循环利用，达到节约资源、保护环境的目的。

5.16.10 桥梁工程中常用的高性能采用主要包括高强度钢材、高性能混凝土，两种材料通过合理组合能形成多种结构形式，具有良好的力学性能和耐久性能。在钢材方面，高强度钢材如Q420、Q500钢已大量应用于桥梁工程；大尺寸、高强度型钢便于桥梁结构应用，能有效减少桥梁钢结构焊接工作量；纵向变厚度钢板可根据桥梁受力状况定制钢板厚度尺寸，具有节省钢材、减少焊缝等优点；耐候钢技术不断成熟，可节省涂装和后期维护费用；桥梁拉索钢材强度从1670MPa发展到1860MPa，正向2100MPa迈进，高强度钢材应用能显著减少拉索钢材用量。在混凝土方面，普通混凝土高性能化发展趋势明显；通过优化配合比、使用适当的添加剂、掺入钢纤维等方式，可使混凝土满足特定的性能需求，如低收缩、抗裂等；超高性能混凝土（UHPC）是具有创新性和实用性的水泥基复合材料，满足轻质高强、快速架设、经久耐用的桥梁工程需求；目前UHPC已逐渐开始用于桥梁工程中，包括主梁、拱圈、华夫板、桥梁接缝、旧桥加固等多方面。

5.16.11 桥梁设计时应收集桥位区域生态环境、社会环境及地质、气象、水文、通航、地震等建设条件和基础资料，分析评估项目建设对环境的影响（如社会环境、生态环境、水环境、环境空气、声环境、水土流失等），提出相应的环保对策和工程保护方案。

Ⅳ 效益评价

5.16.15 随着建筑业的工业化转型升级，建筑产业链组织方式也在发生变化。建立现代产业工人队伍，是建筑产业转型发展的重要内容，其具体标志包括：具有针对不同作业工序的专业化队伍；工人岗位相对固定，其专业技能经过职业技术培训；工人具有稳定的劳动关系和保障等。

5.17 给水排水工程

Ⅰ 先进性评价

5.17.1 给水排水工程属于城市生命线工程，体现厂站网一体化的系统过程。给水排水工程的总体设计需与城市规划布局保持一致，在充分考虑水文、地质、环境、电源等现场条件的基础上，对场地选择、系统优化和土方平衡等关键问题，进行多方案的优缺点、投资和能耗等方面的比选，以总体设计的先进性和合理性来实现或体现工程设计、施工、运营全过程绿色建造的水平。

5.17.2 净水、污水处理工艺的选择，应在保证处理效果达标和成本造价合理可控的前提下，采用创新先进有所突破的设计手段显著提高工程技术水平，实现低能耗、低污染的绿色建造目标。

为实现绿色建造目标，需要从原水条件和出水目标这些基本条件出发，以目标为导向，对给水排水系统进行系统优化；同时通过四新优化，推动建造水平的整体提升。

5.17.3 结构工程在给水排水项目投资中占据重要比例，通过新技术、新材料和新理论的应用创造的经济效益和社会效益最为显著。因此在地基处理、抗震设防、节能措施和结构体系方面系统优化，一直是业界关注的重点。

5.17.4 通过智能化手段实现电气系统的安全、可靠、经济与节能，是最为直观的绿色红利。

5.17.5 利用先进的信息化技术和BIM等现代化工具，可以打通设计、施工和运维之间的壁垒，实现全生命周期的绿色生态。

5.17.6 给水排水设计应体现经济上的合理性。在设计阶段必须进行详细周密的技术经济比较，提出考虑全寿命期的经济方案。

5.17.7 城市的CIM系统对给水排水工程有很高的智慧管理要求，尤其在数据的实时采集、传输以及安全方面需重点加以关注。

Ⅱ 绿色性评价

5.17.8 土地的节约化利用、噪声控制、土壤生态和交通顺畅是政府层面上最关注的社会问题。

5.17.9 给水排水工程的节能，不单反映在电耗的控制和节能设备的应用方面，还需考虑可再生能源利用和能源回收等绿色新思路。

5.17.10 节水减排就是绿色低碳。水资源的综合利用和水系统的高效循环是今后绿色建造的红利所在。

5.17.11 绿色建材和绿色结构的应用将推动材料领域实现总体优化。

5.17.12 青山绿水就是金山银山。

Ⅲ 创新性评价

5.17.14 自有知识产权创新成果的研发与应用推动技术水平不断提高。

Ⅳ 效益评价

5.17.15 绿色发展对社会稳定与发展的贡献有目共睹。

5.18 轨道交通工程

Ⅰ 先进性评价

5.18.1 轨道交通的总体设计体现和城市的互动与相互促进，符合工程建设管理的要求；

网络化建设及运营是适应乘客各种出行需要的必然趋势，应以互联互通的理念，平衡好近、中、远期，不同轨道交通线网资源共享，轨道和航空、铁路、地面公交等多方关系，建设绿色、科技、人文的城市轨道交通网络运营体系。

随着国内许多城市轨道交通线网规模的逐渐加大，网络化运营情况下线路换乘是影响运输功能和运营服务水平主要问题之一，必须有充分的考虑与预留，与其他交通方式的衔接与换乘也应做到远近结合、统筹考虑。

轨道交通工程是一项涉及多专业、关系复杂、技术难度大的系统工程，设计有赖于各专业、各系统的相互配合。明确各专业间的接口关系，做好专业间的功能协调，从而能进一步提高项目的设计质量。

现行国家的城市轨道交通设计标准对车站节能提出了明确的要求，有的地方标准的要求比国家标准更高，而且以强制性条文出现。当地方标准要求低于国家标准、行业标准时，应按国家标准、行业标准执行。对国家明令禁止使用的淘汰产品，应从生产工艺、设备使用源头上予以杜绝。

采空区、岩溶、地裂缝、地面沉降、有害气体等不良地质作用是城市轨道交通工程建设中常见的地质现象，对城市轨道交通工程的线路方案、施工方案、工程安全、工程造价、工期等会产生重大影响，同时不良地质作用随时空的变化而变化，伴随在城市轨道交通工程建设和运营的全过程中，因此，应对不良地质作用进行专项的勘察工作，并提出针对性的工程措施。

5.18.2 过高的技术标准很可能造成新的浪费。为此，需从项目全寿命期的各个阶段综合评估工程规模、建筑技术与投资之间的互相影响，以满足功能、节约资源和保护环境为主要目标，综合考虑安全、耐久、经济、美观等因素，比较、确定最优的技术标准。

5.18.3 结合住房和城乡建设部2015年发布的《城市轨道沿线地区规划设计导则》，城市轨道沿线是发挥城市集聚功能，实现公共交通支撑和引导城市发展，促进绿色出行，提升城市环境品质的重要地区。因此，在轨道交通通道的选择上，既是城市层面的规划引导，又是线路层面的规划引导；一方面通过轨道交通系统廊道的选择，协调其与城市结构的关系，强化公共交通支撑和引导城市土地使用的开发模式，实现轨道交通引领城市发展的宏观目标，另一方面综合城乡规划和国土部门对沿线土地储备情况，确定轨道交通沿线片区与车站周边地区的功能定位、建设规模、交通设施及其他公共设施的设置要求、公共空间系统的引导要求等内容，实现轨道交通线路层面的规划引导作用。

轨道交通体量不同于建筑，对周边环境、交通等产生的影响较建筑工程相比需要进行更为严格的控制，避免对周围居民的工作生活及出行造成影响。

轨道交通线路的站点作为城市总体规划中的枢纽点，有强大的客流作为支撑点，起到组织和疏导城市客流的作用。因此，在轨道交通线路的规划，轨道交通站点的规划是整个城市规划管理的一部分，对站点沿线的资源做专项的研究和规划控制，利用轨道交通引导城市的发展。

5.18.4 运营组织设计为具体的工程设计和建设工作确定了目标，是最终合理地完成工程建设目标的重要前提。对于复杂的轨道交通系统，在各个分系统功能和规模确定之前，应根据各种前提条件对整个系统进行一种整体性的、在一个总体目标基础上以需求为基点的、具有良好匹配性的、系统性的设计和研究。其内容应该以运营管理需求为基点，包含设计标准、管理模式、功能匹配、工程方案等。

5.18.5 随着人民生活水平的提高，对环境保护的要求也越来越高，只有轨道交通相关专业共同采取减振降噪措施，才能达到项目沿线的环保要求。根据沿线的抗振要求，在轨道结构上采取分级减振措施，既能达到沿线不同地段的环境保护标准，又能节省轨道工程投资。

5.18.6 我国各地区在气候、环境、资源、经济发展水平与民俗文化等方面都存在较大差异；因地制宜是绿色城市轨道交通建筑建设的基本原则。对绿色城市轨道交通建筑的评价，也应综合考量建筑所在地域的气候、环境、资源、经济和文化等条件和特点。

5.18.7 轨道交通高架结构，作为城市建筑物，其景观效果和噪声、振动防治是必须考虑的问题。

地下结构体系应根据车站的建筑功能、地质条件，采用受力合理、抗震性能良好的结构体系。能够以较少的资源消耗、较小的影响环境为代价满足建筑要求，从因地制宜、节约材料、施工安全便捷且环保等方面进行方案论证比选。

5.18.8 建筑信息模型（BIM）集成了项目工程中的各种相关信息及数据，便于各个专业之间进行数据交换与共享，目前在建筑工程全寿命期内的信息管理及数据共享中已经得到了广泛的运用。同样对于城市轨道交通，其涉及的专业类别较多，保障各专业之间数据的畅通性是提升轨道交通工程建设质量及效率重要措施，同时还可以减少不必要的重复性工作及材料成本。因此提出在轨道交通建设的全寿命期内应合理利用建筑信息模型，实现轨道交通信息化、智慧化建设。

Ⅱ 绿色性评价

5.18.10 轨道交通工程的实施，本质上是城市总体规划战略意图的具体体现，而确定工程规模、设备配置所需的线路功能定位、服务水平、系统运能、线路走向和起讫点、车辆基地选址、资源共享、分期建设等主要设计内容，是线网规划统筹考虑的最终体现。由于实施阶段的不同，前述内容会逐步深化和细化，因此发生变化和调整是正常的，因变化和调整会有重大影响的需经专门研究论证。

轨道交通选线应与生态敏感区进行协调，线路走向、车站设置、敷设方式的选择应考虑避免对生态敏感区造成负面影响。在规划设计前期需针对综合利用区域关键性的生态服务状况，选取地质、水文、生物、文化遗产、游憩等过程因子，运用景观安全格局理念和GIS空间分析技术，进行生态适宜性评价和生态敏感性分析，以保证规划方案的可实施性和未来轨道交通运营的安全性。工程选线需充分考虑当地自然本底的特点，形成生态用地保护体系，明确各类生态用地保护界线、功能定位及管控要求。

通过城市设计的协调，将城市轨道交通站点与周边物业合理结合进行设计、开发和建设，从而充分利用轨道交通车站所聚集的大量人流，所提供的交通可达性和充足的地下空间容量，以及由此创造的公共活动与区位经济优势，来促进城市集约化的发展。

车辆基地项目建设应对场地的地形和场地内可利用的资源进行勘察，充分利用原有地形地貌进行场地设计以及建筑、生态景观的布局，尽量减少土石方量，减少开发建设过程对场地及周边环境生态系统的改变，包括原有植被、水体、山体、地表泄洪通道、滞蓄洪坑塘洼地等。在建设过程中确需改造场地内的地形、地貌、水体、植被等时，应在工程结束后及时采取生态复原措施，减少对原场地环境的改变和破坏。

通过合理规划设计，将多种城市功能（其中包括交通功能、商业功能、办公功能、居住功能等）与城市轨道交通站点及车辆基地的设计、建设与开发相结合，对其上盖空间进行综合开发利用，提高土地集约利用效率。

根据工程项目确定的系统制式、轨道线路形式、车辆与设备选型及其噪声、振动源强度等，按照当地环保部门确认的环境噪声、振动执行标准，轨道交通工程环境报告书根据计算对噪声、振动防护距离提出的要求，经国家环境保护部门确认后，项目采用相应的防护措施。

轨道交通工程光污染包括建筑反射光（眩光）、夜间的室外夜景照明以及广告照明等造成的光污染。光污染产生的眩光会让人感到不舒服，还会使人降低对灯光信号灯重要信息的辨识力，甚至带来道路安全隐患。

光污染控制对策包括降低建筑物表面（玻璃和镜面铝合金饰面等其他材料）的可见光反射比，合理选配照明器具，采取防止溢光的措施等。针对轨道交通车站的特殊性，其站位一般均位于重要交通道路两侧，其地面站房或附属建筑如设置玻璃幕墙，应满足国家标准《玻璃幕墙光热性能》GB/T 18091-2015的相关规定。

室外夜景照明设计应满足行业标准《城市夜景照明设计规范》JGJ/T 163-2008第7章关于光污染控制的相关要求，并在室外照明设计图纸中体现。

5.18.11 节能坡类型共有三种：单面节能坡、V形节能坡和W形节能坡。研究表明，V形坡坡度在22‰～26‰之间，坡长250m左右时，节能效果最好，且不影响行车安全。两站高差较大，无条件设置V形节能坡时，勉强采用节能坡既不能达到节能目的又要增设区间水泵房，增大建设和运营成本。

车站设备节能主要包括以下内容：

1 扶梯采用变频感应启动等节能控制措施：由于地铁车站的人流量一天不同时刻存在较大变化，特别是非高峰时段变频控制可有效地根据人流量的变化而调节电机功率，较大程度节电，所以除选用节能电梯外，还可采用变频控制、群梯智能控制等经济运行控制手段，以及分区、分时等运行方式，来达到电梯节能的目的。

2 配电变压器节能产品的要求满足现行国家标准《电力变压器能效限定值及能效等级》GB 20052规定的节能评价值。

3 根据电能质量考核要求及考核点位置，合理确定系统无功补偿和滤波装置设置方案，并针对轨道交通供电系统运行特点，设计动态无功补偿装置，防止无功倒送。

4 水泵的选型满足现行国家标准《清水离心泵能效限定值及节能评价值》GB 19762的节能评价值。风机的选型满足现行国家标准《通风机能效限定值及能效等级》GB 19761的节能评价值要求。此处消防用设备不做要求。

5 车站墙屏、液晶显示器等电子显示器设备的选型满足现行国家标准《城市轨道交通机电设备节能要求》GB/T 35553 的节能评价值要求。

车站系统能耗的计算，应参考行业标准《民用建筑绿色性能计算标准》JGJ/T 449-2018 第 5.3.2 条~第 5.3.9 条的规定。本条款涉及的整体节能率的计算，应符合行业标准《民用建筑绿色性能计算标准》JGJ/T 449 第 5.3.10 条~第 5.3.13 条的规定。

项目所产生的原状土、渣土及垃圾、废弃物，应在现场进行分类处理，这是回收利用废弃物的关键和前提。再利用材料在建筑中重新利用，可再循环材料通过再生利用企业进行回收、加工，最大限度地避免废弃物随意遗弃、造成污染。

5.18.12 在进行轨道交通绿色设计前，应充分了解项目所在区域的市政给水排水条件、水资源状况、所在地的气候特点等实际情况，通过全面的分析研究，制定水资源利用方案，提高水资源循环利用率，减少市政供水量和污水排放量。水资源利用方案应包含下列内容：

1 当地政府规定的节水要求、项目所在位置水资源状况、气象资料、地质条件及市政设施情况等。

2 鼓励设计阶段充分考虑项目的建筑功能、使用性质和生产类型，生活和生产用水情况，统筹考虑项目内水资源的综合利用。

3 确定节水用水定额、编制水量计算表及水量平衡表。

4 给水排水系统设计方案介绍。

5 采用的节水器具、设备和系统的相关说明。所有用水器具应满足现行行业标准《节水型生活用水器具》CJ/T 164 及现行国家标准《节水型产品通用技术条件》GB/T 18870 的要求。

6 非传统水源利用方案。对雨水、河道水、冷凝水、中水等水资源利用的技术经济可行性进行分析和研究，进行水量平衡计算，确定水资源的利用方法、规模、处理工艺等。

5.18.13 随着科技的进步，一些建筑材料及制品在使用过程中不断暴露出问题，已被证明不适宜在轨道交通项目中应用。因此，在绿色轨道交通建设中强调不得采用国家和地方禁止或限制使用的建筑材料和制品。

资源消耗低和环境影响小的新型结构体系主要包括钢结构体系、砌体结构体系、预制混凝土结构体系等。钢结构体系的钢铁循环利用性好，而且回收处理后仍可再利用。砌体结构体系可含工业废弃物，砌块自重轻，不可再生资源消耗小，同时可形成工业废弃物的资源化循环利用体系。预制混凝土结构体系可在工厂进行装模生产，现场进行连接组装，工厂加工质量高、现场施工速度快、可有效地减少工人劳动强度、降低现场施工噪声、减少现场材料堆放场地，有利于环保；工厂化的构件和现场的标准装配，可降低工程成本，适合在车站工程中推广应用。

建筑材料的循环利用是节材和资源利用的重要内容。有的建筑材料可以在不改变材料的物质形态情况下直接再利用，或经过简单组合、修复后直接利用，如门、窗等，有的需要改变物质形态后才能实现循环利用，如难以直接回用的钢筋、玻璃等，可以回炉再生产。有的既可直接再利用又可回炉生产后再循环使用，比如标准尺寸的钢结构型材，以上各类材料均可纳入本条范畴。

本条第 4 款规定了建筑有害物质要求：轨道交通项目所选用的材料应具有不燃、无毒、无害、耐潮、耐久、防腐、不易玷污、容易清洗、装饰性好、便于施工和维修等特性，材料的选用应考虑本地化、实用性和可靠性。关于建筑材料的放射性和有害物质，目前采用的国家现行标准主要有：

1 《室内空气质量标准》GB/T 18883

2 《公共建筑室内空气质量控制设计标准》JGJ/T 461

3 《民用建筑工程室内环境污染控制标准》GB 50325

4 《建筑材料放射性核素限量》GB 6566

5 《室内装饰装修材料 人造板及其制品中甲醛释放限量》GB 18580

6 《木器涂料中有害物质限量》GB 18581

7 《建筑用墙面涂料中有害物质限量》GB 18582

8	《室内装饰装修材料 胶粘剂中有害物质限量》GB 18583
9	《室内装饰装修材料 木家具中有害物质限量》GB 18584
10	《室内装饰装修材料 壁纸中有害物质限量》GB 18585
11	《室内装饰装修材料 聚氯乙烯卷材地板中有害物质限量》GB 18586
12	《室内装饰装修材料 地毯、地毯衬垫及地毯胶粘剂中有害物质释放限量》GB 18587
13	《混凝土外加剂中释放氨的限量》GB 18588

设计需注意各种建筑材料的使用及搭配，防范各类达标材料的污染叠加。

本条第 5 款旨在鼓励采用工业化方式生产的预制构件设计、建造绿色城市轨道交通建筑。在保证安全的前提下，使用工厂化方式生产的预制构件，既能减少材料浪费，又能减少施工对环境的影响，同时可为将来建筑拆除后构件的替换和再利用创造条件。

5.18.14 城市轨道交通项目的选址应符规划环境影响报告书的结论及其审查意见，应避开自然保护区、饮用水水源保护区、生态功能保护区、风景名胜区、基本农田保护区，以及文物保护建筑等需要特殊保护的地区。结构主体宜避绕文教区、医院、敬老院等特别敏感的社会关注区域，地下线路宜避免下穿环境敏感建筑。规划设计未能采纳环境影响报告书结论及其审查意见时，设计中应说明原因并取得相关部门许可。

轨道交通项目建设对其产生的废气、废液、废渣等的排放，应制定符合国家现行有关环境保护标准要求的措施。环境保护设施应与主体工程同时设计、同时施工、同时投产。项目产生的污染源主要为生活污水。生活污水的排放，应符合现行国家标准《污水综合排放标准》GB 8978 的有关规定。如有废气排放，应符合现行国家标准《大气污染物综合排放标准》GB 16297 的有关规定。对于项目产生的其他污染源，应进行处理，达到相关污染源排放标准后再行排放。

车站、车辆段、周边开发建筑、线路及附属设施等应满足相应环境敏感区及生态敏感区路段的安全防护距离等控制要求，对其应采取必要的避让、防护或控制、治理等措施，各项保护措施应进行相应的专项审查，确保符合各项安全标准。

《中华人民共和国可再生能源法》中指出，可再生能源是指风能、太阳能、水能、生物质能、地热能、海洋能等非化石能源。一般情况下，仅城市轨道交通地上车站及车辆基地可能具备利用可再生能源的条件，例如国内已有项目采用太阳能光伏发电、地源热泵等技术的案例。鼓励在不影响环境、技术经济分析合理的前提下，选用高效设备系统，采用可再生能源替代部分常规能源使用。

项目实施中应制定土方利用规划，对开挖土方进行再利用。施工中挖出的弃土堆置时，应避免流失。应对施工场地所在地区的土壤环境现状进行调查，并提出场地规划使用对策，防止土壤侵蚀、退化；施工所需占用的场地，应首先考虑利用荒地、劣地、废地。施工中挖出的弃土堆置时，应避免流失，并应回填利用，做到土方量挖填平衡；有条件时应考虑邻近施工场间的土方资源调配。实施时应统筹合理安排基础施工顺序，综合考虑场地内自然标高和设计标高，力求场地内土方平衡，减少土方外运运输量，节约柴油等消耗。

轨道交通项目的环境保护各项措施应符合现行国家标准《地铁设计规范》GB 50157 中相关要求，应达到国家和地方污染物排放标准的规定，并应符合城市环境功能区划及相关环境质量标准的要求。项目各项环境保护措施应根据建设项目环境影响报告书，以及环境保护主管部门批复意见所确认的环境保护目标及其污染防治要求确定并实施；环境保护措施设计目标值应根据环境影响报告以及当地环境主管部门确定的环境功能区标准或污染物排放标准确定。

Ⅲ 创新性评价

5.18.15 项目的创新点应较大地超过相应指标的要求，或达到合理指标但具备显著降低成本或提高工效等优点。

5.18.16 利用新的技术手段是实现轨道交通绿色化发展的实践基础。结合项目所在地区城市发展及绿色化发展水平，考虑在轨道交通建设过程中工业化施工、装配式装饰装修、绿色建材、信息化运营手段等措施的适用性，因地制宜地采取相应措施，实现绿色轨道交通及绿色化技术的相互促进及发展。

Ⅳ 效益评价

5.18.17 经济效益评价根据国家发展改革委、建设部《建设项目经济评价方法与参数（第三版）》（发改投资〔2006〕1325号）和《市政公用设施建设项目经济评价方法与参数》（住房和城乡建设部主编，中国计划出版社，2008）进行。

5.18.18 本条主要目的是鼓励和引导项目采用可在节约资源、减少环境污染、提高健康性、智能化系统建设等方面实现良好性能提升的创新技术和措施，以此提高绿色城市轨道交通建筑技术水平。当某项目采取了创新的技术措施，并提供了足够证据表明该技术措施可有效提高环境友好性，提高资源与能源利用效率，推动生态治理，具有较大的社会效益时，可参与评分。

5.19 园林景观工程

Ⅰ 先进性评价

5.19.1 园林景观工程项目建设应以人民为中心，推动绿色发展，促进人与自然和谐共生为指导思想。总体布局应充分尊重自然、保护优先、系统修复、因地制宜。利用现状地形、地貌、水体、植被、设施等，避免大拆大建，对自然生态环境造成不可修复的破坏。

园林景观工程项目应衔接各项上位规划，并与项目周边及项目区域内已完成设计的待建工程或已建工程相协调，减少和避免重复建设。

5.19.3 空间应合理规划布局，满足使用人群需求，做到最大化利用，避免产生消极空间、低效空间，造成空间和资源的浪费。

5.19.4 地形设计应尊重现状，不搞大开挖，大填埋，土方应实现就地平衡。同时，地形的营造应满足场地内自身雨水汇集、调蓄利用和安全排放等要求。

5.19.5 城市绿道的规划设计是城市践行绿色低碳理念的重要手段，工程区域内应尽可能设置绿道体系，且应与城市绿道体系相衔接。有条件的工程应设置专用的跑步道，满足市民对健身运动的需求。

5.19.6 种植设计应优先保留和利用现状苗木。有条件的情况下，可以增设工程的碳汇指标。

5.19.7 径流总量控制率的确定应与上位规划要求相衔接。海绵设施的布局、数量与形式，应在满足指标的前提下，充分兼顾景观效果，不建议过量设置。鼓励部分下沉绿地在旱季时结合运动场地设计。

5.19.8 废弃材料根据特性可用于各类建（构）筑物的表面装饰，也可作为结构基础层，如地形的塑造，园路的基层等。

5.19.9 垃圾桶应满足当地垃圾分类的要求，此外，为便于后期城市管理，不建议大量设置，仅在出入口和人流聚集场地设置即可。

5.19.10 有条件的项目，应考虑雨水的中水回用或利用已有的城市中水系统，中水可用于绿地灌溉、厕所冲洗等。

Ⅱ 绿色性评价

5.19.15 鼓励公共活动空间和设施的设计、设置有利于提供环保节能等公益活动的开展。

Ⅲ 创新性评价

5.19.16 项目工程应符合可持续发展理念，鼓励引入国内外可持续发展标准化指标作为项目设计及建设的指引导向。

5.20 城市防洪与河湖整治工程

Ⅰ 先进性评价

5.20.1 随着我国经济的发展，河湖水系受到城市化建设较大的冲击，地面硬化率增多，而水面率相比以往有着不同程度的减少，导致城市的洪涝安全问题愈加突出；而城市水系在很大程度上又影响着城市的总体布局、功能分区、交通组织、市政工程等。

城市防洪与河湖整治工程总体设计应在结合区域经济发展合理确定防洪标准，确保充足的行洪排涝空间基础上，充分结合城市发展和区域建设现状、总体规划及各类专项规划，让工程总体布局与其他相关工程有机协调，以保障人民生命财产安全，并适应城市新的发展进程。

城市防洪与河湖整治工程总体设计，应贯彻创新、协调、绿色、环保、共享的新发展理念，系统考虑水安全、水环境、水生态、水景观需求，充分发挥工程的综合价值和效益。总体工程布置应因地制宜，充分顺应地形地势、统筹竖向规划，合理选址和确定规模，避免出现严重不平衡的挖填土方量。城市水系及河湖整治总体岸线布置，应符合生态文明建设需求，避免单一工程导向，再现河道多样性，同时营造良好的滨水空间。

河口控制构筑物（泵闸）站址：泵闸站址应根据灌溉、排水、工业及城镇供水总体规划、泵闸规模、运行特点和综合利用要求，考虑地形、地质、水源或承泄区、电源、枢纽布置、对外交通、占地、拆迁、施工、环境、管理等因素以及扩建的可能性，经技术经济比较选定。泵闸站址宜选择在岩土坚实、水文地质条件有利的天然地基上，宜避开软土、松砂、湿陷性黄土、膨胀土、杂填土、分散性土、振动液化土等不良地基，不应设在活动性的断裂构造带以及其他不良地质地段。当遇软土、松砂、湿陷性黄土、膨胀土、杂填土、分散性土、振动液化土等不良地基时，应慎重研究确定基础类型和地基处理措施。泵闸的总体布置应包括泵房、水闸、进、出水建筑物、消力池、海漫段、变电站、枢纽其他建筑物和工程管理用房，内外交通、通信以及其他维护管理设施的布置。泵闸区布置应满足劳动安全与工业卫生、消防、环境绿化和水土保持等要求。对水流条件复杂的大型泵站枢纽布置，应通过水工整体模型实验论证。

5.20.2 水文计算为城市防洪与驳岸工程绿色建造的重要先进性评价指标，主要包含水文资料收集复核、径流分析计算、设计洪水计算、泥砂分析计算、水面线计算等内容。

水文水利计算应遵照国家有关法律法规、方针政策，根据工程所在河流自然条件及所涉及地区经济社会发展要求，按照保证工程安全、尽可能获得最佳总体效益的原则，计算各项指标，为设计方案比选和工程规模确定提供依据。

水文水利计算采用的计算方法应科学合理、实用，与所用的基本资料相对应，并符合工程实际情况。应重视使用先进计算模型，对采用的模型参数应用实际资料进行检验，检查计算成果的合理性。

水文资料缺乏地区应采用多种方法分析计算，对计算成果应综合分析后合理选定。

水利计算应重视分析与其他相关工程的相互影响，统筹协调好相关之间的关系，注重生态和环境保护要求。

5.20.3 生态堤防设计主要是指在对堤防项目的设计时，科学合理地将生物学科、环境学科、生态学科、美学等多方面的知识原理融入水利工程中，在保证河流生态处于平衡的状态下，设计人员应秉承"因地制宜"的科学理念，鼓励采用绿色无污染、透水率高的生态材料建设水利工程。

改扩建工程非完全新建工程，因此应当尽可能利用原有结构从而降低工程投资。由于地基处理拆除困难且造价较高，因此在设计时应首先考虑原基础能利用的尽量利用，同时由于原基础沉降已基本完成，需充分考虑新老基础间的沉降差。

大中型泵闸枢纽工程在保证防洪排涝功能的同时，往往需兼顾跨河交通、船舶通航、滨河景观等需求。在设计的过程中应充分考虑与跨河桥梁的衔接，优先考虑利用泵闸内外河结构充当桥梁基础，同时应兼顾泵闸安装、检修需求。在具有通航功能的泵闸中应充分考虑船舶靠泊、过闸需求，闸底高程、闸门净宽、工作桥梁底标高等均需满足船舶通航要求。同时合理布置引航道，充分考虑船舶系靠、防撞及警示设施。随着城市化建设的快速发展以及人民对美好生活的需求不断提升，泵闸枢纽工程在承担传统水利任务的同时往往还作为滨河景观的一部分，因此泵闸工程厂房及管理用房的建筑景观设计越发重要。

5.20.4 泵闸工程的附属工程一般指泵站上部主、副厂房、管理楼、水闸启闭机房、消防水泵房、变电站、水文监测站、交通桥等构筑物以及管理区内的场坪、道路、绿化、管线等。对一个大中型水利枢纽工程而言，附属工程往往多而杂，总投资也较大，因此对附属工程也应当提出相应的绿色建造水平评价标准。由于附属工程专业较多，因此标准不宜过细，仅对节能环保、智慧管理做了要求，同时也鼓励新技术、新材料的应用。

5.20.5 建筑信息模型（Building Information Modeling，以下简称 BIM）是以建筑工程项目的各项相关信息数据作为模型的基础，进行建筑模型的建立，通过数字信息仿真模拟建筑物所具有的真实信息。泵闸工程相对复杂，一般包括场地、围堰、水闸、泵站、建筑、水机、金结、电气等工程内容，可能还包括桥梁、道路、堤防等内容。而 BIM 技术在处理复杂工程中的优势更加明显。因此应当鼓励泵闸工程设计中更多地应用 BIM 技术。

在 BIM 技术应用中应首先考虑全生命周期协同应用，建立多专业 BIM 内部协同设计的模式和工作流程、软件应用技术路线、团队组织及项目策划管理等。设计过程应充分利用 BIM 模型与甲方、专业顾问等进行沟通。BIM 设计模型应能传递到施工、运维。利用 BIM 设计可进行项目成本控制、质量控制等。

鼓励 BIM 应用基于项目管理目标多维度发展，积极开展利用 BIM 技术有效辅助项目进度、安全、成本管控、质量创优、绿色施工等方面。

5.20.6 项目设计过程中的多方案比选应包含技术经济指标，在技术合理的基础上首选经济最优方案。同时在设计中应重视经济评价工作，由于水利工程具有公益性特点，因此主要进行国民经济评价，按照资源合理配置的原则，从国家整体角度考虑项目的效益和费用，用货物影子价格、影子工资、影子汇率和社会折现率等经济参数，分析计算项目对国民经济的净贡献，评价项目的经济合理性。改、扩建水利建设项目的国民经济评价和财务评价都应采用有、无该项目的增量费用和增量的效益进行。

Ⅱ 绿色性评价

5.20.7 河湖水系与其他工程建设项目有本质上的差异，河湖水系既是防洪排涝市政基础设施，同时也是地貌类型的一种。在未来较长的一段时间内，城市发展将仍持续面临工程建设用地与河湖生态空间占地之间的矛盾。一方面，总体规划布局层面应保障满足防洪安全的河湖水系等的空间需求（包括水域面积、生态缓冲空间及管理范围），不得随意减少现状水域面积；另一方面，防洪设施规划设计应综合考虑城市总体规划、河道地形地质、防汛抢险、维护管理、工程造价等因素，在满足安全的前提下，遵循节约土地资源的原则，选用经济合理、与环境协调的总体布局和结构形式。

河道岸线布置应根据现状岸线、地形地貌、河势变化、河道冲淤规律等，紧密结合用地规划和城市发展布局合理确定，鼓励河道蓝线与绿地融合，河道调蓄空间与滨水绿地、防汛通道及周边道路复合设计利用；滞洪设施应选址在低洼区域，鼓励结合周边地块综合开发利用，严禁不合理挖湖造景。泵闸厂站选址应根据流域治理或城市总体规划、规模及运行要求，考虑地形地质、水流泥沙等条件，做到布置合理紧凑、有利施工、运行安全、管理方便。

5.20.9 河湖生态基流量应针对目标河段实际水资源量、年径流过程、水资源开发程度以及水质现状，采用多种方法计算，并通过综合分析选择符合流域实际的计算结果作为生态基流。

对于我国南方河流，生态基流应不小于 90% 保证率最枯月平均流量和多年平均天然径流量 10% 两者之间的大值，也可采用 Tennant 法取多年平均天然径流量的 20%～30%。湖泊应提出维持湖泊生态系统的最低水位要求。

河湖生态流量的确定，可参考《水利部关于做好河湖生态流量确定和保障工作的指导意见》（水资管〔2020〕67号）。

5.20.10 绿色水利工程又称为节能水利工程，而节能不仅体现在整体设计中，还体现在绿色材料的应用上。绿色材料首先应当对周围的环境是无害的，和自然环境交相辉映，与自然完美地融合在一起。从而使在水利工程里居住或工作的人与自然和谐共处，不断发展。同时材料的获取应当尽量节约能源和建设资源，产品可循环或回收利用，无污染环境的废弃物。

近年来，政府及相关部门号召"大力发展装配式建筑"。2016年，《国务院关于印发"十三五"节能减排综合工作方案的通知》（国发〔2016〕74号）提出大力发展装配式建筑，推动产业结构调整升级。2017年5月，中国水利学会召开"预制混凝土制品技术创新与应用研讨会"，装配式混凝土制品在水利工程领域中的研究与应用受到高度关注。为响应和贯彻国家"大力发展装配式建筑"的精神，引领装配式结构更快更广地服务水利建设，因此将装配式设计要求加入绿色建造评价标准。

5.20.11 城市防洪与河湖整治工程设计时应收集区域生态环境、社会环境及地质、气象、水文、通航、地震等建设条件和基础资料，分析评估项目建设对环境的影响（如社会环境、生态环境、水环境、环境空气、声环境、水土流失等），提出相应的环保对策和工程保护方案。

Ⅲ 创新性评价

5.20.12 城市防洪与河湖整治工程应体现创新、海绵城市建设、人与自然和谐共生的可持续发展理念。

城市河湖水系为"大海绵体"，应统筹防洪排涝、雨洪调蓄、生态涵养、景观提升综合性功能，充分利用蓝线和滨水绿化带之间的调蓄空间，合理布局雨水行泄通道和调蓄设施，结合防洪和排水防涝等相关规划，确定河湖调蓄水位，并应与排水管渠、排涝除险设施和下游水系相衔接。

城市河湖水体布置应充分利用天然水体，注重自然蜿蜒的平面形态，统筹上下游、左右岸、干支流等关系，在管控范围线内合理设置滞留塘、湿地、植被缓冲带、生态护岸等海绵城市设施。

5.20.13 科学技术要成为推动经济增长的主要力量，必须从知识形态转化为物质形态，从潜在的生产力转化为现实的生产力，而这一转化，正是在技术创新这一环节中实现的。技术创新实现了经济与技术的结合，因此，技术创新是引领经济高质量发展的核心动力。水利行业绿色建造水平的发展，也需要积极地进行技术创新。通过技术的不断创新和研究来调整整个行业的结构，改善水利建设的整体环境，从而有效地提高我国水利建设的经济效益，促进水利行业的稳定发展。

就我国目前水利行业发展的实际情况来看，技术创新方面主要存在缺乏技术创新意识、缺乏技术创新资金以及技术创新水平不高的问题。因此本标准对技术创新分配了较大的分值，希望在评价体系上规范和引导水利行业的绿色技术创新，推进资源全面节约和循环利用，努力建造安全耐久、环保生态、资源节约、以人为本的水利工程。

5.21 建筑工程

Ⅲ 创新性评价

5.21.11 设计理念创新，遵循高效、节能、减碳，智能智慧，体现人与自然和谐共生的可持续发展理念。

5.21.12 结合项目所在地区城市发展及绿色化发展水平，考虑在建筑工程建设过程中工业化施工、装配式装饰装修、绿色建材、信息化运营手段等措施的适用性，因地制宜地采取相应措施，实现绿色建筑及绿色化技术的相互促进及发展。

Ⅳ 效 益 评 价

5.21.13 经济效益评价根据国家发展改革委、建设部《建设项目经济评价方法与参数（第三版）》（发改投资〔2006〕1325号）进行。

5.21.14 本条主要目的是鼓励和引导项目采用可在节约资源、减少环境污染、提高健康性、智能化系统建设等方面实现良好性能提升的创新技术和措施，以此提高绿色建造水平。当某项目采取了创新的技术措施，并提供了足够证据表明该技术措施可有效提高环境友好性，提高资源与能源利用效率，推动生态治理，具有较大的社会效益时，可参与评分。

6 绿色建造施工水平评价

6.1 施 工 管 理

6.1.1 施工管理为绿色施工的控制项指标，必须满足。主要包含组织管理、策划与实施管理、人力资源健康保障、评价管理四项内容。

6.1.2 施工总承包、建设方、设计、监理单位应明确负责人，组织、实施、监督绿色建造施工过程可持续性工作。岗位明确，职责清晰，人员到位。专业分包合同中应提出相应的绿色施工要求。

6.1.3 施工阶段应根据前期策划制定绿色建造施工总目标，对设计图纸进行会审和深化设计，并作出优化。编制绿色施工方案，做好过程管控。根据工程的特点设置绿色科研计划。

6.1.4 应制定人员安全制度和健康管理制度，确保人员安全和健康。

6.2 环境保护与安全

Ⅰ 通 用 项

6.2.1 生态环境是指由生物群落及非生物自然因素组成的各种生态系统所构成的整体，主要或完全由自然因素形成，并间接地、潜在地、长远地对人类的生存和发展产生影响。生态环境的破坏，最终会导致人类生活环境的恶化，施工过程中应制定相应保护措施并予以落实。

《中华人民共和国文物保护法》第二十九条规定：进行大型基本建设工程，建设单位应当事先报请省、自治区、直辖市人民政府文物行政部门组织从事考古发掘的单位在工程范围内有可能埋藏文物的地方进行考古调查、勘探。考古调查、勘探中发现文物的，由省、自治区、直辖市人民政府文物行政部门根据文物保护的要求会同建设单位共同商定保护措施；遇有重要发现的，由省、自治区、直辖市人民政府文物行政部门报国务院文物行政部门处理。

6.2.2 本条规定了扬尘控制的3个方面的内容。现场应建立空气质量动态监测及超标应急预案，以便及时采取措施。施工现场出去的车辆往往携带大量泥沙，极易污染沿途道路并带来大量扬尘，因此绿色施工要求现场所有车辆出入口都应设置车辆轮胎冲洗设施，必要时还应设置吸湿垫。

6.2.3 本条对有害气体排放控制措施进行了规定。施工现场有害气体如机械设备、厨房油烟、喷漆等的排放应符合现行国家标准《大气污染物综合排放标准》GB 16297规定。现场机械设备包括挖土机、装载机、翻斗车、汽车泵、商品混凝土运输车等；进出场车辆包括项目部管理人员车辆、材料设备运输车辆、生活物资运输车辆、垃圾外运车辆等。要求建立进出场车辆及机械设备管理台账，与现场门卫车辆、设备进出场登记表对应，确保所有车辆及机械设备年检有效且废气排放符合要求。

厨房油烟的主要成分是醛、酮、烃、脂肪酸、醇、芳香族化合物、酮、内酯、杂环化合物等。油烟含有大约300种有害物质、DNP等，其中含有肺部致癌物"二硝基苯酚、苯并芘"，长时间吸入油烟会使人体组织发生病变。现场厨房应加设油烟净化处理装置，严禁将厨房油烟无处理直接排放。

喷漆工艺通常是采用压缩空气将油漆从喷枪中雾化喷出，均匀涂布工件表面的工艺。由于压缩空气的作用，在喷漆过程中会产生大量漆雾，飞溅漂浮在周边空气环境当中；漆雾飘粘在作业场所的挂具、空间四周，飞落在水帘、沉降后形成"漆渣"。大多以漆渣、有机挥发物（TVOC）形成危险固废物和大气污染物。敏感区域包括地下密闭空间、室内装饰装修与管道封闭作业等特定环境情况。

6.2.4 本条对水土污染控制措施进行了规定。污水排放应符合现行国家标准《污水综合排放标准》GB 8978的要求。生产或生活污水直接泼于土壤面，会给土壤和地下水造成污染。绿色施工要求现场所有硬化路面周边设置排水沟，将污水集中收集并经沉淀处理后再进行利用或排放。工程污水和实验室养护用水含有大量固体颗粒，其pH值也会有所提升，应根据污水的性质、成分、污染程度等制定不同的处理措施，并在施工中予以落实。工程污水采取去泥砂、除油污、分解有机物、沉淀过滤、酸碱中和等针对性处理方式，实现达标排放。

6.2.5 本条规定了光污染控制措施，应避免或减少施工过程光污染，电焊作业应避免电焊弧光外泄。电焊作业，特别是楼面电焊作业与夜间焊接作业时应采取遮挡措施，避免电焊弧光外泄影响周围居民正常生活。调整夜间施工灯光投射角度，夜间室外照明灯加设灯罩，透光方向集中在施工范围。

6.2.6 本条规定了噪声控制的措施，对于施工场地周边有噪声敏感区时现场噪声排放不得超过现行国家标准《建筑施工场界环境噪声排放标准》GB 12523的规定值。应合理安排工期，减少夜间施工。施工噪声较大的机械设备应采取隔声与隔振措施。

声音是由声源振动而产生的，故物体的振动也会产生噪声。施工现场的噪声控制主要利用无源噪声控制技术，从声源，声传播和接收点三方面考虑噪声的控制。由于施工现场噪声的特点，技术手段以传统方式为主，如声屏障、隔声间、隔声罩的使用等。

施工机械在运转时，物体间的撞击、摩擦、交变机械力作用下的金属板、旋转机件的动力不平衡，及运转的机械零件轴承、齿轮等都会产生机械噪声，如混凝土输送泵、塔吊、施工电梯等产生的噪声。近年来，很多设备生产企业通过改进机械设备结构、应用新材料来降噪，取得了不错的效果。如把风机叶片由直片改成弯形，生产的新设备可降低噪声10dB。在施工中选用低噪声环保型设备，是治理噪声源的主要措施之一。

声波在介质中传播时，因波束发散、吸收、反射、散射等原因，声能在传播中会逐渐减少。因此将产生噪声较大的机械设备，如搅拌机、输送泵、钢筋加工机械、木工加工机械等，尽可能远离噪声敏感区布置，将有效降低施工噪声对人们生产生活的影响。

施工作业面往往随着施工进度动态变化，在作业面上进行敲击、凿搓、振捣等产生噪声的施工活动也因为作业点和作业时间的不固定而难以控制。但实际上，在作业面施工，特别是高层、超高层楼面施工产生的噪声，因为缺少隔声构件，影响的范围更广、距离更远。

6.2.7 本条规定了施工用地以及设施保护的措施。施工时应保护施工现场原有建筑物、构筑物、道路和管线等设施并充分利用。应对深基坑施工方案进行优化，减少土方开挖和回填量，最大限度地减少对土地的扰动，利用科学的方法保护水土资源。临时道路应科学合理布置，满足消防要求与方便运输。施工用地应绘制不同阶段的施工总平面布置图，科学合理部署，减少资源浪费。

Ⅱ 专 项

6.2.8 本条为冶金工程中采用关于环境保护与安全的专项措施。现场露天喷砂除锈、喷漆会产生大量的粉尘和可挥发物，污染空气，应予以避免。保温防腐耐火材料施工产生的废弃物应及时清理。对金属材料进行现场探伤时采用的放射源保管应符合国家规定，避免产生射线污染。

6.2.9 本条为电力工程中采用关于环境保护与安全的措施的专项措施。现场露天喷砂除锈、喷漆会产生大量的粉尘和可挥发物，污染空气，应予以避免。保温防腐耐火材料施工产生的废弃物应及时清理。对金属材料进行现场探伤时采用的放射源保管应符合国家规定，避免产生射线污染。火电厂烟尘、二氧化硫、氮氧化物排放浓度应满足各地要求。应充分利用山地、荒地作为取、弃土场的用地，施工后应恢复土地上的植被，在生态脆弱的地区施工完成后，进行地貌复原。

6.2.10 本条为建材工程中采用关于环境保护与安全的专项措施。现场露天喷砂除锈、喷漆会产生大量的粉尘和可挥发物，污染空气，应予以避免。保温防腐耐火材料施工施工产生的废弃物应及时清理。机具应注意漏油防止污染土地。

6.2.11 本条为铁路工程中采用关于环境保护与安全的专项措施。采用螺旋道钉锚固剂施工方法替代硫黄锚固，可以有效减少硫黄的污染。大型铁路土建工程应确立合理的土方调配方案，移挖作填，充分利用山地、荒地作为施工取土、弃土场用地。铺轨基地应永临结合、合理布置、少占农田；可以利用既有或新建工程，减少过渡工程量的举措应尽量利用。无砟道床施工基底现场凿毛处理，会产生大量的噪声和粉尘，应采取有效的隔声和防粉尘措施；梁面冲洗废水应集中收集，不污染桥下土体。钢轨打磨产生的锈粉等废弃物应集中收集处理，不污染施工现场。

6.2.12 本条为公路工程中采用关于环境保护与安全的专项措施。施工过程中应遵循少扰动的原则，做到对生态地貌的最小破坏。施工便道作为临时措施，应做到对生态环境的最小影响，因此应严格规划其路线走向。对桥梁施工过程中产生的泥浆、钻孔桩的钻渣应运至指定地点集中处理。

钻孔桩作业时产生的泥浆包含油类和大量悬浮物，无组织排放将对周边生态环境造成严重污染，应建立由制浆池、泥浆池、沉淀池和循环槽等组成的泥浆循环系统，并采用优质管材，减少阀门和接口的数量，禁止发生外溢漫流的情况。

6.2.13 本条为水运工程中采用关于环境保护与安全的专项措施。涉水施工应编制专项生态环境保护施工方案，取得水上水下施工、废弃物海洋倾倒许可证。在风浪较大的天气作业，容易产生较大的安全和环境污染风险，应严禁。

对施工干扰区域的珍稀水生生物、野生动植物制定有效保护措施；炸礁工程采用高效安全爆破工艺，清礁严格按设计范围进行，尽量减小清礁幅度，划定作业带限定船舶活动范围，减少施工船舶和爆破施工对工程区周边海域生态环境的影响。应制定施工船舶漏油、生活污水及垃圾防治处置措施，避免生活污水和漏油对水体的污染。疏浚挖泥施工应在指定卸泥点卸泥，严禁"随走随抛"。

6.2.14 本条为水利工程中采用关于环境保护与安全的专项措施。主要从水环境、水土保持、生态环境、大气及声环境、人群健康等方面的保护措施进行评价。

6.2.15 本条为市政园林工程中采用关于环境保护与安全的专项措施。地下水作为宝贵的水资源，应该受到保护。施工期间尽可能的维持原有地下水形态，不去扰动，是对地下水最好的保护。不得已必须扰动时，应采取措施减少抽取地下水。基坑开挖采应采用地下水保护技术、隔水支护系统等措施保护场地周围原有地下水形态；基坑抽水采用动态控制技术，尽量减少抽水量。易产生粉尘的施工，如拆除及爆破作业、桩头凿除、钢梁喷砂除锈、混凝土凿毛等作业，应采取降尘措施，并应尽量采用环保工艺。

6.2.16 本条为建筑工程中采用关于环境保护与安全的专项措施。应保护场区原有设施，科学合理部署施工场地，采取自动扬尘监测与自动喷雾等降尘联动措施。鼓励采用绿色科技手段减少碳排放。

6.3 资源节约与循环利用

Ⅰ 材料节约与循环利用通用项

6.3.1、6.3.2 材料节约的方式方法很多，本标准不宜列举周全。材料节约的原则：在满足设计要求和工程使用安全的前提下，材料选用和加工的优化、通过创新改变传统工艺、混合材料的合理配比、材料运输的损耗控制等。掌握材料节约的原则，用于建筑工程所有材料的节约使用。

鼓励材料在加工和使用中主要建筑材料损耗率比定额损耗率降低应有有效的措施和效果。鼓励耐久性好的模板、脚手架等材料的使用。

Ⅱ 材料节约与循环利用专项

6.3.3 本条为冶金工程中采用关于材料节约与循环利用的专项措施。鼓励采用预制拼装技术和BIM技术。推广工业废渣的资源化利用。

6.3.4 本条为电力工程中采用关于材料节约与循环利用的专项措施。实践证明合理的采购计划可以有效节约材料。在混凝土配合比设计时，应减少水泥用量，增加工业废料、矿山废渣的掺量；当混凝土中添加粉煤灰时，应利用其后期强度。

6.3.6 本条为铁路工程中采用关于材料节约与循环利用的专项措施。鼓励采用工业废渣的混凝土以及既有线路的再利用。鼓励装配式、整体化的施工。

6.3.7 本条为公路工程中采用关于材料节约与循环利用的专项措施。鼓励混凝土配合比中节约水泥，提高粉煤灰、矿渣等工业废渣的掺加量。预制装配技术可提高产品质量和耐久性，应鼓励预制装配式的施工方式。

6.3.8 本条为水运工程中采用关于材料节约与循环利用的专项措施。鼓励混凝土配合比中节约水泥，提高粉煤灰、矿渣等工业废渣的掺加量。爆破时应严格控制单响用量，减少有机组分在海域中的残留。

6.3.9 本条为水利工程中采用关于材料节约与循环利用的专项措施。主要从优化建筑物材料用量、优化混凝土配合比、脚手架及模板循环利用方面进行评价。

6.3.10 本条为市政园林工程中采用关于材料节约与循环利用的专项措施。施工中采用预制装配技术可以提高产品质量和耐久性，实现节材。永临结合可以有效减少材料消耗，应予以鼓励。

6.3.11 本条为建筑工程中采用关于材料节约与循环利用的专项措施。施工中应充分运用BIM技术实现精细化的管理，进而实现材料的有效利用，达到节约材料的目的。

Ⅲ 建筑垃圾控制和循环利用通用项

6.3.12 目前建筑垃圾的数量很大，堆放或填埋均占用大量的土地；对环境产生很大的影响，包括建筑垃圾的淋滤液渗入土层和含水层，破坏土壤环境，污染地下水，有机物质发生分解产生有害气体，污染空气；同时建筑垃圾的产出，也意味着资源的浪费。因此减少建筑垃圾产出，涉及节地、节能、节材和保护环境这样一个可持续发展的综合性问题。建筑垃圾减量化应在材料采购、材料管理、施工管理的全过程实施。建筑垃圾应分类收集、集中堆放，回收和再利用。

绿色施工要求施工企业制定建筑垃圾现场回收再利用方案，根据规模针对再利用措施合理在施工现场修建封闭、分类集中建筑垃圾堆放站，施工过程中，应对建筑垃圾进行分类回收，集中堆放。对产生的建筑垃圾尽可能地在现场再利用能有效减少建筑垃圾外运带来的能耗、消耗及环境污染。

建筑垃圾的统计可基于材料无效使用和现场及时计量的方法计算。所谓材料无效使用方法，是指采购的建筑材料使用未能形成产值的部分，以及周转材料的消耗，建材、设备等的包装材料等。现场及时计量方法，是指对产生的建筑垃圾及时计量，包括建筑废弃物、建筑垃圾回收量、再利用量等。最后换算成每万平方米建筑面积产生的建筑垃圾量。

6.3.13 可回收利用物是指适宜回收循环使用和资源利用的废物。主要包括：① 纸类：未严重玷污的文字用纸、包装用纸和其他纸制品等。如报纸、各种包装纸、办公用纸、广告纸片、纸盒等；② 塑料：废容器塑料、包装塑料等塑料制品。比如各种塑料袋、塑料瓶、泡沫塑料、一次性塑料餐盒餐具、硬塑料等；③ 金属：各种类别的废金属物品。如易拉罐、铁皮罐头盒、铅皮牙膏皮等；④ 玻璃：有色和无色废玻璃制品；⑤ 织物：旧纺织衣物和纺织制品。不可回收利用物指除可回收利用物之外的垃圾，常见的有在自然条件下易分解的垃圾，如果皮、菜叶、剩菜剩饭、花草树枝树叶等。还有就是有害的，有污染的，不能进行二次分解再造的都属于不可回收垃圾。

建筑垃圾减量既节约资源又减少排放。建筑施工应从原材料采购、材料管理、施工管理等全过程进行建筑垃圾减量控制。同时施工中产生的建筑垃圾应采取措施尽可能地在现场再利用，现场再利用分直接再利用和加工后再利用两种。直接再利用如短钢筋用来焊接地沟盖板等；加工后再利用如混凝土类建筑垃圾粉碎后用于制砖等。

碎石和土石方类建筑垃圾是很好的地基和路基回填材料，直接在施工现场或临近区域用于回填，将节约资源，减少堆放土地占用，同时降低外运能耗和污染。

建筑垃圾回收利用率即为建筑垃圾回收利用量占总建筑垃圾量的比率。

Ⅳ 建筑垃圾控制和循环利用专项

6.3.14 本条为冶金工程中采用关于建筑垃圾控制和循环利用的专项措施。建筑垃圾的产生量及垃圾回收利用量应有准确的记录。

6.3.15 本条为电力工程中采用关于建筑垃圾控制和循环利用的专项措施。保温防腐施工产生的废弃物对环境影响较大，应及时收集清理并合法处置。锅炉酸洗等调试产生的废水等应及时收集并合法处置。建筑垃圾的产生量及垃圾回收利用量应有准确的记录。

6.3.16 本条为建材工程中采用关于建筑垃圾控制和循环利用的专项措施。保温防腐施工产生的废弃物对环境影响较大，应及时收集清理并合法处置。建筑垃圾的产生量及垃圾回收利用量应有准确的记录。

6.3.17 本条为铁路工程中采用关于建筑垃圾控制和循环利用的专项措施。扫除凿毛碎渣时，应采用自动化的垃圾清扫设备。建筑垃圾的产生量及垃圾回收利用量应有准确的记录。

6.3.18 本条为公路工程中采用关于建筑垃圾控制和循环利用的专项措施。改扩建工程中应做到充分利用废旧道路材料，实现材料的循环利用。隧道工程中应制定合理的出碴及利用方案，最大限度地将废碴资源化。建筑垃圾的产生量及垃圾回收利用量应有准确的记录。

6.3.19 本条为水运工程中采用关于建筑垃圾控制和循环利用的专项措施。应采取措施提高疏浚土、污泥等固体废弃物的资源化利用，提高疏浚土、污泥综合利用率。水上施工作业时产生的垃圾上岸后应集中处理。建筑垃圾的产生量及垃圾回收利用量应有准确的记录。

6.3.20 本条为水利工程中采用关于建筑垃圾控制和循环利用的专项措施。主要从充分利用建筑物开挖料、做好工程开挖区表土利用、弃碴至指定碴场等方面进行评价。

6.3.21 本条为市政园林工程中采用关于建筑垃圾控制和循环利用的专项措施。水上施工作业时产生的垃圾上岸后应集中处理。建筑垃圾的产生量及垃圾回收利用量应有准确的记录。

6.3.22 本条为建筑工程中采用关于建筑垃圾控制和循环利用的专项措施。应确立合适的方法对建筑垃圾的减量化的有效性和减少碳排放进行分析。建筑垃圾的产生量及垃圾回收利用量应有准确的记录。

Ⅴ 水资源节约与循环利用通用项

6.3.23 水资源消耗总目标包括传统水源使用目标和其他水资源使用目标。其他水资源的使用目标，指其他水资源的使用量占总用水量的百分比。项目部应按施工区、办公区、生活区设置分区目标，按地基与基础阶段、结构阶段、装饰装修与机电安装阶段设置分阶段目标，使施工过程节水考核取之有据。

应建立水资源管理制度，实行用水计量管理，应控制施工阶段用水量。施工现场用水管理制度明确水资源使用管理活动的内容、方法及相应的职责和权限；明确总包与各专业分包单位和劳务分包队伍的相关职责和权限；明确检查和考核机制。水资源使用管理制度可分为传统水源使用管理和其他水资源使用管理两个方面。

6.3.24 现场开发使用自来水以外的非传统水源应进行水质检测，并符合工程质量用水标准和生活卫生水质标准。

Ⅵ 水资源节约与循环利用专项

6.3.25 本条为冶金工程中采用关于水资源节约与循环利用的专项措施。应鼓励推进雨水的利用。

6.3.26 本条为电力工程中采用关于水资源节约与循环利用的专项措施。应鼓励采用先进的节水施工工艺。管网和用水器应无渗漏，减少水资源的浪费。喷洒路面、绿色浇灌等，对水质的要求不高，应不使用市政自来水。

6.3.27 本条为建材工程中采用关于水资源节约与循环利用的专项措施。应鼓励采用先进的节水施工工艺。管网和用水器应无渗漏，减少水资源的浪费。喷洒路面、绿色浇灌等，对水质的要求不高，应不使用市政自来水。

6.3.28 本条为铁路工程中采用关于水资源节约与循环利用的专项措施。整条铁路线用水联动可以从系统的角度实现节水，应予以鼓励。

6.3.29 本条为公路工程中采用关于水资源节约与循环利用的专项措施。

6.3.30 本条为水运工程中采用关于水资源节约与循环利用的专项措施。应降低施工和生活对自然水体的污染，积极探索海水淡化的在无市政管网接入时的应用。

6.3.31 本条为水利工程中采用关于水资源节约与循环利用的专项措施。主要从施工期生产、生活用水工艺及废水处理、回用等方面进行评价。

6.3.32 本条为市政园林工程中采用关于水资源节约与循环利用的专项措施。实践证明，采用覆膜和喷淋等工艺，有助于减少混凝土养护时的用水。喷洒路面、绿色浇灌等，对水质的要求不高，应不使用市政自来水。

6.3.33 本条为建筑工程中采用关于水资源节约与循环利用的专项措施。应鼓励采用海绵技术对雨水进行收集处理。施工用水量应有准确的记录。

Ⅶ 能源节约与高效利用通用项

6.3.34 工程施工使用的材料设备就近取材，可以节省大量的运输过程中的油料消耗，对社会能源的节约有重要作用，是一种重要的节能措施。建筑材料设备不仅包含建筑实体工程用的材料和设备，也应包含施工过程中使用非实体用的工程材料设备，如模板、脚手架、临时设施、工地围挡等。

应采用节能照明灯具，推荐使用 LED 照明灯具，节能效果较好。

6.3.35 可再生能源是指太阳能、风能、水能、生物质能、地热能、海洋能等非化石能源。国家鼓励单位和个人安装太阳能热水系统、太阳能供热供暖和制冷系统、太阳能光伏发电系统等。我国可再生能源在施工中的利用还刚刚起步，为加快施工现场对太阳能等可再生能源的应用步伐，予以鼓励。

自动控制装置可以减少设备的非必须能耗，如降水作业时采用液位控制器、供水系统采用自动加压水泵等。照明采用声控、光控、延时等自动控制装置可以减少照明的无效开启时间。在配电系统中增加无功补偿设备，可以减少用电系统的无功损失，提高用电系统的能源利用效率，减少施工现场的电能消耗。

Ⅷ 能源节约与高效利用专项

6.3.36 本条为冶金工程中采用关于能源节约与高效利用的专项措施。施工现场应采用节能灯具和变频塔吊。

6.3.37 本条为电力工程中采用关于能源节约与高效利用的专项措施。应选用运输距离短的建筑材料，采用耗能少的施工工艺，合理安排施工工序和进度，尽量减少夜间作业和冬期施工时间。

6.3.38 本条为建材工程中采用关于能源节约与高效利用的专项措施。应选用运输距离短的建筑材料，采用耗能少的施工工艺，合理安排施工工序和进度，尽量减少夜间作业和冬期施工时间。

6.3.39 本条为铁路工程中采用关于能源节约与高效利用的专项措施。用电设备鼓励采用自动控制装置。鼓励使用太阳能和风能等清洁能源。鼓励采用装配式的活动板房。

6.3.40 本条为公路工程中采用关于能源节约与高效利用的专项措施。鼓励拌合站采用天然气、煤改气等清洁能源，施工期间应充分考虑集中供电、温拌沥青等节能方法。

6.3.41 本条为水运工程中采用关于能源节约与高效利用的专项措施。施工期鼓励采用集中供电、电网供电、油改气等节能方法。

6.3.42 本条为水利工程中采用关于能源节约与高效利用的专项措施。主要从施工设备能耗性、建筑物材料运距及生产效率、设备利用率等方面进行评价。

6.3.43 本条为市政园林工程中采用关于能源节约与高效利用的专项措施。用电设备鼓励采用自动控制装置和变频设备。鼓励使用太阳能和风能等清洁能源。

6.3.44 本条为建筑工程中采用关于能源节约与高效利用的专项措施。应控制季节性施工的能源消耗。降低施工过程中的能源消耗，提高自然能源利用的有效性。

6.4 绿色科技创新与应用

Ⅰ 通 用 项

6.4.1 应制定绿色建造科研计划、实施、研究及推广应用的管理体系、制度和方法并结合工程特点，立项开展有关绿色建造方面新技术、新工艺、新材料、新设备的开发和推广应用的研究。不断形成具有自主知识产权的创新技术、新施工工艺、工法。

6.4.2 应积极采用住房和城乡建设部及地方的推荐技术，采用"建筑10项新技术"。推广具有显著经济效益的自主研发的专利技术。

Ⅱ 专 项

6.4.4 本条为冶金工程中采用关于绿色科技创新的专项措施。应积极采用机电设备、管道安装实施模块化。

6.4.5 本条为电力工程中采用关于绿色科技创新的专项措施。应在管理的信息化方面多做探索，鼓励建设期间采用综合信息管理系统，采用综合安防系统，包括门禁一卡通、安防监控、公共广播、周界安防等系统。

6.4.6 本条为建材工程中采用关于绿色科技创新的专项措施。应在管理的信息化方面多做探索，鼓励建设期间采用综合信息管理系统，采用综合安防系统，包括门禁一卡通、安防监控、公共广播、周界安防等系统。

6.4.7 本条为铁路工程中采用关于绿色科技创新的专项措施。跨既有线连续梁鼓励采用转体施工技术，减少对既有线路的影响时间。鼓励在信息化和工厂化制造方面的探索。

6.4.8 本条为公路工程中采用关于绿色科技创新的专项措施。鼓励在信息化、自动化、智能化方面的探索。

6.4.9 本条为水运工程中采用关于绿色科技创新的专项措施。鼓励在信息化、自动化、智能化方面的探索。

6.4.10 本条为水利工程中采用关于绿色科技创新的专项措施。鼓励在设备、工法、智能化、信息化等方面的创新和探索。

6.4.11 本条为市政园林工程中采用关于绿色科技创新的专项措施。鼓励在装配式建造技术，信息化建造技术，高强钢、钢丝等新材料应用技术，高性能混凝土技术、现场废弃物减排及回收再利用技术等方面的探索。

6.4.12 本条为建筑工程中采用关于绿色科技创新的专项措施。应提高施工的智慧化和信息化水平，鼓励在国家和省部级进行科研立项。

6.5 绿色可持续发展

6.5.1 应取得实施绿色建造过程取得的经济效益、社会效益和生态效益的分析及证明。

6.5.3 施工现场应根据《中华人民共和国职业病防治法》及《职业病分类和目录》制定职业病预防措施，定期对从事有职业病危害作业的人员进行体检；施工现场平面布置时应执行生活区、办公区、施工作业区分离的原则，生活设施远离有毒有害物质。临时办公和生活区距有毒有害存放地为50m，因场地限制不能满足要求时应采取隔离措施。生活区、办公区的通道、楼梯处应设置应急疏散、逃生指示标识和应急照明灯，并在醒目位置设置安全应急疏散平面布置图。

施工组织设计有保证现场人员健康的应急预案，预案内容应涉及火灾、爆炸、高空坠落、物体打击、触电、机械伤害、坍塌、SARS、疟疾、禽流感、霍乱、登革热、鼠疫、新型冠状病毒等，一旦发生上述事件，现场能果断处理，避免事态扩大和蔓延。

结合企业技术管理水平，技术装备水平，当地环境，工程状况，合理组织施工作业队伍。根据培训内容，施工总承包单位应组织现场作业人员参加培训。培训过程中需留存影像、签到表、培训记录等过程资料。培训类型分为专业机构培训、企业培训、项目部培训、邀请外部专家培训。采用现场授课、多媒体视听、师徒式培训、现场实体样板体验等多种形式进行。

7 绿色建造运营水平评价

7.1 总体管理

7.1.1、7.1.2 项目的绿色建造运营总目标的设置应合理，应基于项目的技术、经济、社会、环境及建设条件来设定。总目标应具有系统性、科学性和针对性。应通过各阶段完备的管理手段保证总目标的实现。

7.1.3 应根据绿色建造运营总目标制定具体的实施方案和考核管理。

7.2 协调性

7.2.1、7.2.2 优秀的绿色项目应能实现人文协调和其他包括自然、历史、文化等各方面的协调。

7.3 环境和资源

7.3.1、7.3.2 绿色工程项目应在全过程中努力实现资源节约和环保目标。对山、水、林、田、湖进行有效的保护，严格控制对大气、水、土壤中污染物的排放，严格控制噪声、光、电磁等污染。

应采取有效的措施实现对能源、水资源、材料和土地资源的节省。

7.4 创新

7.4.1、7.4.2 应该在实践中增加科技创新投入，在项目积极推行新技术、新工艺，通过科技创新推动绿色发展。同时应结合绿色建造运营总目标对传统的管理方式进行改进和创新，通过管理创新和优化，给绿色项目的实施提供保障。

7.5 效益

7.5.1、7.5.2 绿色项目必须具有经济和社会效益才能持续推广，因此在项目实践中应对各项经济效益指标和社会效益指标进行分析，不断调整技术手段和管理方法，真正实现高质量和高效益的绿色工程。